北京市科技重大项目（D171100007117001）
国家科技支撑计划项目（2013BAC17B03）
北京市科技计划项目（Z121100000312069）　资助
国家自然科学基金应急管理项目（31540010）

园林植物对雾霾的消减作用

李新宇　赵松婷　李延明　刘秀萍　许　蕊　著

中国建筑工业出版社

图书在版编目（CIP）数据

园林植物对雾霾的消减作用／李新宇等著．—北京：中国建筑工业出版社，2021.6
ISBN 978-7-112-26174-1

Ⅰ．① 园… Ⅱ．① 李… Ⅲ．① 园林植物-作用-空气污染-污染防治-研究 Ⅳ．① X51 ②S68

中国版本图书馆CIP数据核字（2021）第093393号

责任编辑：杜　洁　兰丽婷
版式设计：锋尚设计
责任校对：焦　乐

园林植物对雾霾的消减作用

李新宇　赵松婷　李延明　刘秀萍　许　蕊　著

＊

中国建筑工业出版社出版、发行（北京海淀三里河路9号）
各地新华书店、建筑书店经销
北京锋尚制版有限公司制版
北京建筑工业印刷厂印刷

＊

开本：787毫米×1092毫米　1/16　印张：9　字数：166千字
2021年6月第一版　　2021年6月第一次印刷
定价：**49.00**元
ISBN 978-7-112-26174-1
（37194）

前言

城市绿地是城市系统中的自然成分，绿色植被在减少环境空气颗粒物方面发挥着无法替代的重要作用。$PM_{2.5}$影响因素复杂，不同地域、不同污染背景、不同植物种类对$PM_{2.5}$的作用差异较大，目前的研究尚不充分，大多集中于TSP或PM_{10}，关于植物滞留细颗粒物$PM_{2.5}$的研究较少，评价绿化对降低$PM_{2.5}$的作用，仍需要进行系统研究。本书在分析北京细颗粒物污染变化特征的基础上，研究了植物种类差异、植物配置方式、绿化带结构、园林绿化规模、园林绿化现状对治理$PM_{2.5}$污染的效果；筛选出治理效果好的植物种类和优化模式，提出了治理$PM_{2.5}$污染的综合技术措施，为建立科学有效的$PM_{2.5}$治理方法，改善首都生态环境提供必要的理论和技术支撑。

（1）分析了北京地区2015～2018年空气颗粒物质量浓度ρ（PM_{10}）、ρ（$PM_{2.5}$）和ρ（PM_1）的时间变化特征。结果表明：北京地区2015～2018年ρ（PM_{10}）、ρ（$PM_{2.5}$）和ρ（PM_1）历年均值均呈现出逐年降低的变化趋势，超标天数逐年减少；季节变化中，ρ（$PM_{2.5}$）和ρ（PM_1）最高的均是冬季，最低的是夏季，而ρ（PM_{10}）最高的是春季，其次是冬季、秋季、夏季；日变化中，三种空气颗粒物浓度总体日变化趋势为白天低、夜间高；相关性分析中，PM_{10}、$PM_{2.5}$和PM_1之间具有极显著正相关。北京地区2015～2018年空气颗粒物污染情况改善程度十分明显，空气质量显著提高。三种空气颗粒物夜间浓度高于白天，他们间具有极显著正相关。

（2）揭示了北京市29种常用园林植物滞留不同粒径颗粒物尤其是细颗粒物的规律、特征、种类。

研究结果表明，叶片具有表面蜡质结构、表面粗糙、多皱、叶面多绒毛、分泌黏性的油脂和汁液等特性的园林植物能吸附大量的降尘和飘尘。滞留大气颗粒物能力由高到低的微形态结构依次是蜡质结构>绒毛>沟槽>条状突起；并且这些微形态结构越密集、深浅差别越大，越有利于滞留大气颗粒物。北京市园林植物叶片滞留大气颗粒物成分十分复杂，形态各异，大部分形状不规则。颗粒物粒径分布不均匀，小到几微米大到几十微米不等。结合能谱分析可以得出，植物叶表面滞留的大气颗粒物中主要含有以下几类颗粒物：烟尘集合体，矿物颗粒，飞灰，生物颗粒以及其他未知颗粒。

（3）本研究选择北京市常用的园林植物种类作为研究对象，综合集成了直接采样、电镜分析、地理信息系统、数理统计等多种技术方法，提出了一种科学、有效、简便计算植物滞留$PM_{2.5}$质量的计算方法，并对北京市67种常用的园林绿化植物的滞尘及滞留细颗粒物的能力按照单位叶面积周滞留量及单株周滞留量进行了比较；对比整株乔木每周滞留$PM_{2.5}$的质量，滞留$PM_{2.5}$质量较多的植物有元宝枫、刺槐、悬铃木、小叶朴、国槐、柿树、银杏、侧柏、白玉兰、家榆、臭椿、旱柳、楸树、毛白杨、圆柏、杜仲、七叶树、流苏、白皮松、杂交马褂木、白扦、构树、黄栌、栾树和垂柳，其整株树每周滞留$PM_{2.5}$质量均在10g/周以上，最弱的为紫叶李、碧桃、北京丁香、绦柳、山桃、丝棉木。灌木中较强的有紫叶矮樱、丁香、胡枝子、木槿、牡丹、榆叶梅，均超过1g/周。

（4）综合评价了园林绿地对城市大气环境发挥的双重作用。本书在定量评价园林植物对细颗粒物的滞留能力基础上，考虑植物释放VOCs对大气颗粒物浓度的贡献量，并作为一个影响因子参与计算，对植物个体消减细颗粒物的净化效益进行综合评价，筛选出13种具有一定消减能力的常用园林植物，为城市绿地功能优化与提升提供重要科学依据。

研究表明：不同树种排放的VOCs类别组成差异较大，且每种物质生成SOA潜势各不相同。对比北京市城区及郊区24种植物生成SOA量，得出油松、黄栌、圆柏等三种植物由于释放 α -蒎烯的量较高，植物对生成SOA的贡献较高。白桦、核桃楸、七叶树、白扦、紫丁香、槲栎、绦柳、旱柳等8种植物对SOA也具有一定的贡献。其他13种植物对SOA的贡献均较小；锦带花与元宝枫两种植物单位叶面积对$PM_{2.5}$的消减能力最强。紫丁香、大叶黄杨、胡枝子、晚樱、金钟花、钻石海棠、七叶树、旱柳等8种植物对$PM_{2.5}$消减作用其次。黄栌与油松两种植物对$PM_{2.5}$没有消减作用，反而增加空气$PM_{2.5}$浓度。

（5）为研究城市道路两侧不同绿化带宽度及不同植物群落配置模式对消减大气中$PM_{2.5}$浓度的作用，选择北京市四环主干道旁绿地群落为试验监测点，对0m、6m、16m、26m、36m不同绿带宽度下$PM_{2.5}$浓度分布、消减能力及与道路车流量变化、植物群落配置模式的关系进行研究。结果表明：$PM_{2.5}$浓度的日变化与车流量的日变化特征一致，道路绿地空气中$PM_{2.5}$浓度的日变化呈现双峰单谷型特征，即早晚高、白天低，最低值出现在中午12：00左右，最高值出现在晚高峰19：00左右；不同绿地的消减率不同，群落内郁闭度高的多复层结构绿地对$PM_{2.5}$消减作用优于郁闭度低的单层配置绿地模式；无污染或轻度污染（$PM_{2.5}<115\mu g/m^3$）环境下，绿地对$PM_{2.5}$消减作用明显，26m及36m的绿带处消减作用最

强，最高可达12.22%；中度污染（115μg/m³＜PM$_{2.5}$＜250μg/m³）的环境下，只有蓝靛厂桥南绿地对PM$_{2.5}$具有消减作用；重度污染（PM$_{2.5}$＞250μg/m³）天气条件下绿地对PM$_{2.5}$消减作用不明显。

（6）公园绿地PM$_{2.5}$监测结果表明：天坛公园、北小河公园总体削减PM$_{2.5}$效果较好，平均分别达到11.13%、9.78%。各公园监测绿地中不同配置类型绿地，削减效果具有一定的差异性：天坛公园以古树为建群种的乔草型配置绿地削减效果最佳，主要配置结构为400年古柏与自然草本地被的"乔+草"结构；紫竹院公园以竹林（约0.2hm²）的削减效果为优；中山公园以国槐、杜仲等为主自然配置的"乔+草"结构绿地削减效果最佳；北小河公园中针叶纯林的配置绿地削减效果最大。分析认为，一定规模是绿地削减PM$_{2.5}$效益高效发挥的重要条件，为保障绿地削减PM$_{2.5}$功能的有效发挥，建议公园绿地面积应不低于50hm²。

（7）针对城市绿地主要类型及削减PM$_{2.5}$特点，以"优先生态，兼顾景观、游憩"为准则，详细制定了《消减PM$_{2.5}$型道路绿地种植设计技术指南》，提出了多种类、多层次的绿地群落种植模式，为城市绿地的设计营建提供专项技术支撑。在考虑景观前提下，在"通州区台湖镇京台路道路绿化改造项目"项目实施点提升绿地滞尘及滞留细颗粒物能力，设计时遵循了《消减PM$_{2.5}$型道路绿地种植设计技术指南》。

目　录

第 1 章

研究背景和研究思路

1.1 研究背景

    $PM_{2.5}$为悬浮于大气中空气动力学当量直径小于2.5μm的颗粒物质，又称为细颗粒物。$PM_{2.5}$粒径小、比表面积大，常富集空气中硫酸盐、硝酸盐、铵盐、含碳颗粒、金属颗粒、矿物质等有毒有害物质，可以随着人的呼吸进入体内，甚至进入人体肺泡或血液循环系统，直接导致心血管、呼吸系统等疾病。国际上多年来对$PM_{2.5}$污染与居民急性死亡关系的流行病学研究证明$PM_{2.5}$浓度每升高100μg/m³，居民每日死亡率将增加12.07%。世界卫生组织表示$PM_{2.5}$超过10μg/m³就会对人体造成伤害。有关研究表明，我国$PM_{2.5}$的平均浓度在30μg/m³以上，而在北京市$PM_{2.5}$多年均浓度约为70μg/m³左右，超出即将出台的新国家标准限制值（年均浓度35μg/m³）近一倍。即使在人为活动影响很小的密云水库，$PM_{2.5}$年均浓度也在45～50μg/m³之间。说明北京大气中$PM_{2.5}$的含量高、污染严重。2012年，北京市及周边地区遭遇多个严重空气污染，北京市35个$PM_{2.5}$监测点数据全超标（北京市环境保护监测中心网站，2012）。$PM_{2.5}$是大气环境中化学组成最复杂、危害最大的污染物之一。它不仅对人体健康有严重危害，也是导致大气能见度降低、酸沉降、全球气候变化、光化学烟雾等重大环境问题的重要因素。因此，各国将$PM_{2.5}$纳入了环境质量考核体系，加强了对$PM_{2.5}$的监测与治理。根据2012年颁布的《环境空气质量标准》GB 3095—2012，到2016年我国城市空气$PM_{2.5}$年均浓度要达到35μg/m³以下。这对$PM_{2.5}$的治理来说无疑是个巨大的挑战。$PM_{2.5}$直接危害着人类的身体健康，如何治理和防治$PM_{2.5}$是研究的最终目的。一方面是从源头控制，尽可能地减少能够产生$PM_{2.5}$的污染物排放；另一方面是寻求高效合理的方法消除空气中已经产生的$PM_{2.5}$。由于$PM_{2.5}$是伴随着各种人类活动而产生的，而这些人类活动又是必须进行的，要彻底从源头消除$PM_{2.5}$是无法做到的，尤其是对于经济快速发展的中国来说更是不符合国情的。因此，除了从源头控制以外，更重要的是如何消除已经产生的$PM_{2.5}$。森林植被作为地球上重要的组成部分，对调节生物圈生态环境具有不可替代的作用。不同的植被类型对$PM_{2.5}$的消除作用不同，同时消除效果与天气条件也密切相关。到目前为止，关于植被对$PM_{2.5}$的阻滞和吸收作用仍没有定量化的研究，只有少量的关于不同植被对$PM_{2.5}$等颗粒物的阻滞和吸附的定性研究。这些研究明确了一点，即森林植被能够有效降低空气中$PM_{2.5}$等颗粒物，但具体什么树种能最有效地降低$PM_{2.5}$等颗粒物，森林如何配置，在城市中如何合理布局等还急需进一步探讨。

为了充分利用森林植被对$PM_{2.5}$的消除作用，还需要对森林调控$PM_{2.5}$的作用进行深入研究，主要体现在以下两个方面。在充分掌握当地环境背景数据的前提下，选择合适的树种（植物种）。不同的植物种除了叶片表面能够吸附$PM_{2.5}$以外，还能在一定程度上吸收消化$PM_{2.5}$中的化学成分，这就需要确定目标树种（植物种）对$PM_{2.5}$的阻滞吸收作用，例如柳杉（*Cryptomeria fortunei*）、银杏（*Ginkgo biloba*）、刺槐（*Robinia pseudoacacia*）能吸收SO_2。不同地点人们对$PM_{2.5}$的要求不同，在人为活动频率大的地方（如公园、校园、居民小区等公共场所）要求$PM_{2.5}$越低越好，而在人为活动频率低的地方（如封闭的树林）对$PM_{2.5}$的要求不严。这就需要对不同地点的植被结构进行不同的配置，如草坪、灌木丛、高大乔木以及三者之间的互相搭配，不仅要考虑到植被类型的配置，还要考虑到不同类型之间比例的搭配。

本书在分析北京$PM_{2.5}$时空分布特征的基础上，研究植物种类差异、植物配置方式、绿化带结构、园林绿化规模、园林绿化带区域规划对治理$PM_{2.5}$污染的效果；筛选出治理效果好的植物种类和优化模式，提出治理$PM_{2.5}$污染的综合技术措施；结合北京市地域特征，建立高效控制$PM_{2.5}$的园林绿化工程试验示范区；该书为建立科学有效的$PM_{2.5}$治理方法，改善首都生态环境提供必要的理论和技术支撑。

1.2　国内外研究进展

1.2.1　大气细颗粒物研究

1. 大气细颗粒物来源

$PM_{2.5}$的来源主要可分为自然来源与人为活动，自然来源主要是地壳成分、扬尘等，人为活动则包括燃煤燃油释放、汽车尾气排放等。$PM_{2.5}$的来源和发生量会因不同国家和地区的经济发展、能源结构、工艺方法以及管理水平等的不同而存在很大的差别。$PM_{2.5}$的形成方式有三种：直接以固态形式排出的一次粒子；在高温状态下以气态形式排出、在烟羽的稀释和冷却过程中凝结成固态的一次可凝结粒子；由气态前体污染物通过大气化学反应而生成的二次粒子。$PM_{2.5}$中的一次粒子主要产生于化石燃料（主要是石油和煤炭）和生物质燃料的燃烧，但在一些地区某些工业过程也能产生大量的一次粒子，一次粒子的来源还包括道路扬尘、矿物质的加工和精炼过程，而建筑、农田耕作、风蚀等的地表尘对环境$PM_{2.5}$的贡献则相对较小。可凝结粒子主要由可在环境温度凝结而形成颗粒物的半挥发性有机物组成。二次粒子由多相（气-粒）化学反应而形成，在大多数地区，S和N为所观察到的二次粒子的主要组分，而二次有机气溶胶在一些地区也可能是重要的组成部分。

Chen等（2001）研究发现城市大气$PM_{2.5}$主要来自交通废气排放（18%~54%）及气溶胶二次污染（30%~41%）等。郝明途等（2006）研究发现，北京城区$PM_{2.5}$主要来源是为机动车尾气尘和燃煤尘等人为来源，而清洁地区为土壤扬尘等自然源。陈宗良等（1994）对不同季节北京市的$PM_{2.5}$分析得到，春冬季燃煤是$PM_{2.5}$的主要来源，夏季主要是气象条件对$PM_{2.5}$的形成有很大影响。王海林等（2008）对北京$PM_{2.5}$来源解析结果认为燃烧和二次粒子占的比重较大，达到55%。

2. 大气细颗粒物危害

$PM_{2.5}$除对能见度及气候影响外，更重要的是对人体健康产生严重影响和危害（Prospero et al., 1983）。$PM_{2.5}$粒径小、比表面积大，常富集空气中硫酸盐、硝酸盐、铵盐、含碳颗粒、金属颗粒、矿物质等有毒有害物质，因而其毒性更强（邵龙义等，2000），可以随着人的呼吸进入体内，甚至进入人体肺泡或血液循环系统，直接导致心血管、呼吸系统等疾病。流行病学研究表明，粒径小于$2.5\mu m$的气溶胶颗粒可进入肺部，并沉积于肺泡。$PM_{2.5}$的危害一方面是其沉积在肺泡中的刺激作用，另一方面是它的载体作用，吸附大量有毒物质。这些携带有害物质的$PM_{2.5}$粒子深达肺泡并沉积，进而进入血液循环，且其载带的各种物质特别是重金属元素会对人体诱发疾病，甚至具有较强的致癌、致畸、致突变作用（Heintzenberg，1989；Chartier et al.，1998）。

国际上多年来对$PM_{2.5}$污染与居民急性死亡关系的流行病学研究证明，大气中$PM_{2.5}$每升高$10\mu g/m^3$，人群呼吸系统疾病的死亡率则从2.1%增加到3.75%（Schwartz et al.，2000）。综合1995~2003年27个国内外公开独立发表的关于大气细颗粒物$PM_{2.5}$污染与居民急性死亡关系的流行病学研究，分析得出$PM_{2.5}$浓度每升高$100\mu g/m^3$，居民每日死亡率将增加12.07%。这些研究直接促成了世界各国环境保护机构（如美国环保局等）修改其大气颗粒物，尤其是细颗粒物的环境空气质量标准。

世界卫生组织表示$PM_{2.5}$超过$10\mu g/m^3$就会对人体造成伤害。有关研究表明我国PM$_{2.5}$的平均浓度在30μg/m³以上。2008～2012年的研究性监测结果表明，北京市PM$_{2.5}$年均浓度约为70μg/m³，超出即新国标（GB 3095—2012）限制值（年均浓度35μg/m³）近一倍。即使在人为活动影响很小的密云水库，PM$_{2.5}$年均浓度也在45～50μg/m³。说明北京大气中PM$_{2.5}$的含量高、污染严重。

3. 大气细颗粒物监测标准

自20世纪四五十年代起，国外就已经开始对空气中颗粒物进行研究，随着研究的深入，对空气中颗粒物的认识也逐渐深入。研究者将大气颗粒物分为PM$_{10}$和PM$_{2.5}$，近期有学者在研究中也提出了PM$_{10}$的概念。我国对PM$_{10}$研究较早，而对PM$_{2.5}$的研究较晚。1997年首先由美国提出PM$_{2.5}$的监测标准，随后澳大利亚、日本、欧盟等也相继出台了大气中PM$_{2.5}$的监测标准（World Health Organization，2006）。从表1-1中可以看出，在已经出台标准和即将出台标准的国家中，除了澳大利亚的标准符合WHO标准，且不是强制性执行的以外，其余国家的标准均未达到WHO的标准，表明现阶段各国PM$_{2.5}$污染状况不容乐观，亟须治理。

我国生态环境部于2012年发布了《环境空气质量指数（AQI）技术规定》，对不同空气质量指数分级对应的PM$_{2.5}$浓度日均值限值进行了规定，见表1-1。

PM$_{2.5}$浓度日均值分级　　　　　　　　　　　　　表1-1

级别	PM$_{2.5}$浓度分级					
	一级	二级	三级	四级	五级	六级
AQI	0～50	51～100	101～150	151～200	201～300	>300
PM$_{2.5}$浓度日均值（μg/m³）	0～35	36～75	76～115	116～150	151～250	>250

资料来源：《环境空气质量指数（AQI）技术规定》。

4. 大气细颗粒物特征研究

大气中的固体颗粒物是造成大气污染的主要原因之一。空气动力学当量直径大于100μm的颗粒物称为沙粒，在没有大风时，这部分颗粒物无法存留在空气中。空气动力学当量直径不大于100μm的称为总悬浮物（Total Suspended Particles，TSP）。粒径小于10μm的部分可被人体吸入，称为可吸入颗粒物。由于粒径小于10μm的，特别是粒径小于2.5μm的细颗粒物在空气中的重力沉降率为零，长期在空气中悬浮。因此很多有机污染物和重金属元素都附着在这部分尘粒上，形成有强致病性的粉尘。现阶段对于$PM_{2.5}$的研究可分为几个方面，即对$PM_{2.5}$本身的研究，包括分布特征研究、组成研究、来源研究等，对$PM_{2.5}$的监测方法与仪器的研究，对$PM_{2.5}$危害的研究（主要集中在医学领域），以及森林植被对$PM_{2.5}$的作用研究。前三类研究较为深入，最后一类则处于起步阶段。

国内外对$PM_{2.5}$的特征研究主要集中在时间变化规律（日、月和季节变化）、空间变化规律（水平和垂直方向）、$PM_{2.5}$组成成分和来源分析等方面。对国内该方面的主要文献进行统计分析（Kebin *et al.*, 2001；杨复沫等，2003；宋宇等，2002；朱先磊等，2005；杨复沫等，2004），可以看出，$PM_{2.5}$的时间变化规律主要是由于季节性气候条件和居民生活习惯导致。气候条件如风、降水以及沙尘天气等，不同时间段风向风速不同，对该地区大气中颗粒物会产生不同的影响。居民生活习惯主要体现为冬春季节居民燃煤和汽车尾气的排放，尤其是北方地区，冬春季节采暖期$PM_{2.5}$会急剧上升，到非采暖期就会降低，上下班高峰期$PM_{2.5}$也会出现峰值。

$PM_{2.5}$在空间上的分布具有明显的水平区域特性和垂直层次变化（Cheng Manting，2007；Li Li *et al.*, 2010）。与市区相比，郊区$PM_{2.5}$低得多，在市区内部不同地方，由于城市绿地的存在也存在很大的区别。垂直距离上，随着离地面高度的增加，$PM_{2.5}$逐渐降低。$PM_{2.5}$组成成分可以分为2大类（周震峰等，2006；何凌燕等，2005；徐敬等，2007；于建华等，2004），即有机粒子和非有机粒子。其中有机粒子即有机碳，是分布最广的组成成分，非有机粒子包括元素碳和无机离子（如Al、SO_4^{2-}），其分布存在区域特性，与其来源有关。

5. 北京大气细颗粒物研究

国内外学者对北京大气中的$PM_{2.5}$开展了广泛的研究。Sun等（2004）分析了$PM_{2.5}$的浓度、组分、分布和来源；He等（2001）分析了$PM_{2.5}$的化学特征。Yao等（2002）和Wang等（2005）对$PM_{2.5}$中水溶性离子进行了分析；宋宇等（2002）分析了夏季高温对$PM_{2.5}$的影响。

He等（2001）和Shi等（2003）发现$PM_{2.5}$的质量浓度冬季最高，晚春、夏天和早秋则最低；对$PM_{2.5}$中化学成分的分析发现（Sun *et al.*, 2004；He *et al.*, 2001；Yao *et al.*, 2002；Wang *et al.*, 2005），其主要成分包括微量元素、地壳元素、水溶性无机盐、有机物、元素碳，以及沙尘的长距离输送。而水溶性无机盐和有机物是$PM_{2.5}$的主要组分。硫酸盐、硝酸盐、铵盐是水溶性无机盐的主要组成部分（Yao *et al.*, 2002；Wang *et al.*, 2005），占总水溶性无机盐的70%以上。这些水溶性无机盐和其他一些致癌的有害物质会富集在$PM_{2.5}$上，通过呼吸进入人体并存留在肺的深处，对人体健康造成严重危害（Rawerler *et al.*, 1996）。

　　杨复沫等（2000，2002）对北京市车公庄采样点研究发现，2000年$PM_{2.5}$与PM_{10}的质量浓度之比为55%。$PM_{2.5}/PM_{10}$比值在不同的季节有所不同，在秋、冬季分别为59%和66%，表明这一时期的PM_{10}大部分由$PM_{2.5}$构成；在春、夏季分别为42%和49%，表明这一时期PM_{10}大部分由粒径为2.5~10μm 的粗颗粒物组成。鲁兴等（2004）对北京市供暖期（2003年11月18日～2003年12月4日）期间夜间和白天的$PM_{2.5}/PM_{10}$值进行了研究，发现两者非常接近，分别为0.58和0.57。周丽等（2003）文章中指出，$PM_{2.5}/PM_{10}$比值平均值约为0.6~0.7。于建华等（2004）在2003年1月16日~4月30日在北京市环境保护监测中心楼对PM_{10}和$PM_{2.5}$的监测结果表明ρ（$PM_{2.5}$）/ρ（PM_{10}）的平均值为56.6%。

1.2.2　植物滞尘研究

1. 园林植物的滞尘成分

　　园林植物叶面颗粒物组成复杂，Tomasevic 等（2005）利用扫描电镜—能谱分析仪（SEM-EDX）观测到的植物滞留的粉尘有50%是属于人类活动产生的细微颗粒（$D<2$μm）。Marc等（2010）研究发现植物可成功滞留PM_{10}颗粒物，其中细颗粒物和超细颗粒物占绝大多数。Wanglei等（2006）研究表明叶片滞留的颗粒物98.4%是PM_{10}，64.2%是$PM_{2.5}$。其中SiO_2、$CaCO_3$、$CaMg$（CO_3）$_2$、$NaCl$、$2CaSO_4 \cdot H_2O$、$CaSO_4 \cdot 2H_2O$、Fe_2O_3 7种主要矿物占叶面颗粒物总质量的10%~30%，SiO_2含量最高，其次为$CaMg$（CO_3）$_2$、$CaSO_4 \cdot 2H_2O$和$CaCO_3$。此外还含有蒙脱石、伊利石、高岭石等黏土矿物及长石。SiO_2、$CaCO_3$、$CaMg$（CO_3）$_2$是砂石的主要成分。其中Ca、Al、Fe、Mg、K、Na、S 7种元素占测定元素总质量的97%以上，其他痕量污染元素含量很少，并且受采样地点和树种影响较小。

2. 园林植物滞尘的时空变化规律

　　（1）时间变化规律

　　园林植物的滞尘量不是随着时间的积累而线性增加，而是增幅减小，滞尘达到饱和，滞尘量便不再增加或增加幅度较小，直到下次大雨过后植物叶片再重新滞尘。一般认为大于15mm的雨量就可以冲掉植物叶片的降尘（史晓丽，2010）。Schabel等（1980）的研究也发现，园林植被枝叶对粉尘的吸附作用均是暂时的，随着下一次降雨的到来，粉尘会被雨水冲洗掉，具有一定的"可塑性"。高金晖等（2007）的研究表明植物种叶片滞尘量在达到极限值以前受空气中粉尘含量的影响较大，同种植物叶片的滞尘量会随着空气中粉尘含量的增多而增大。一天内植物叶片累计滞尘过程与时间不成线性相关关系，这说明植物叶片的滞尘过程是一个复杂的动态过程，植物叶面的滞尘与粉尘脱落同时存在（高金晖，2007）。一般情况下，一天内植物叶片滞尘量分别在早上8：00～10：00和傍晚16：00～18：00相对较大（张景，2010）。Nowak（2006）、Woodruff（1997）、Arden（2001）和Pope（1999，2006）等的研究也表明绿地植被枝叶对粉尘的截留和吸附受到时间的影响，但具体的时间变化规律则依不同树种、不同周围环境等条件而不同。

此外，园林植物的滞尘作用在不同季节也会有较大区别。张景等（2011）研究发现叶片滞尘量的变异系数受不同季节外界自然因素的干扰变化较大。同一地点大部分绿化树种滞尘能力的季节动态规律是冬季滞尘量最高、春秋季次之，夏季较低（梁淑英，2005）。李玉琛（2005）的研究也表明滞尘量变化规律为：冬季、秋季含量较高，春季和夏季较低。造成这种现象的原因一方面与着叶季节长短等因素有很大关系，另一方面与不同季节的特点有关，一般冬季的叶片滞尘量是最大的，这可能是由于冬季雾天和逆温层出现的天数多以及供暖煤炭燃烧量增加所导致的。

（2）空间变化规律

同种类植物种在封闭式环境条件下叶片滞尘量明显低于开敞式环境条件下的滞尘量，说明同种类植物叶片滞尘量随着环境中粉尘颗粒物含量的增多而增大；开敞式环境条件下，同株植物叶片纵向不同高度滞尘量比较发现，"低"位的滞尘量明显高于"高"和"中"位，这是由于开敞式环境条件下车辆行人繁多，造成路面较大程度的二次扬尘（高金晖，2007）。蔡燕徽（2010）分冠层下位（2~5m）与冠层上位（5~7m）比较分析高度差异对叶片滞尘的影响，不同高度上的叶片滞尘量明显随高度增加而减少，冠层下位至冠层上位处滞尘量虽有所减少，但差异不明显。乔木冠层距地面通常较高，其叶片滞尘主要来自大气沉降颗粒物，而相对低矮的植物叶片靠近路面，直接受机动车排放和地面扬尘影响，尤其是生长高度为1～2m的灌木植物叶片位置处于行人呼吸带范围，这一高度空气颗粒物浓度在距地10m范围内为最大。

此外，植物叶面滞尘量随着植株高度和污染源距离的增加呈递减趋势（愈学如，2008）。有研究表明植物叶片的滞尘量、重金属含量以及S含量随着离公路距离的增加而减少，到离公路约60m处这种减少的趋势逐渐变缓（李玉琛，2005）。程政红等（2004）的研究表明，同种树木均以重度污染区的滞尘量最大，轻度污染区的滞尘量最小。邱媛等（2008）研究了广东省惠州市不同功能区的4 种主要绿化乔木，其滞尘总量排序为：工业区＞商业交通区＞居住区＞清洁区。陈玮等（2003）的研究表明，在不同位置的桧柏［Sabina chinensis（L.）Ant.］滞尘能力排序为：机动车道与自行车道分车带＞自行车与人行道分隔带＞公园内同株树面对街道面＞公园内同株树背离街道面，说明不同路段机动车尾气排放量不同，滞尘效应也就有了较大差异。

3. 不同植物种类的滞尘规律

　　园林植物个体之间滞尘能力差异很大，不同的树种的滞尘能力可相差2～3倍以上。张新献等（1997）的研究表明，丁香的滞尘能力是紫叶小檗的6 倍多；落叶乔木毛白杨为垂柳的3 倍多。王蕾等（2007）的研究表明：同一地点不同树种叶面颗粒物附着密度存在很大差异，圆柏、侧柏颗粒物附着密度最高，其次为雪松、白皮松，油松、云杉最低；陈玮等（2003）对不同种针叶树同一降尘条件及同种针叶树不同降尘条件的滞尘能力进行研究，结果表明，针叶树在东北地区的冬季有很强的滞尘作用，不同的针叶树滞尘能力排序为：沙松冷杉＞沙地云杉＞红皮云杉＞东北红豆杉＞白皮松＞华山松＞油松。不同针叶树叶表面结构不同，滞尘量的大小也不同。吴中能等（2001）测定了合肥15个常见绿化树种滞尘能力，认为阔叶乔木滞尘量能力顺序：广玉兰＞女贞＞棕榈＞悬铃木＞香樟，这些差异主要是树种生物学特性和所处的环境引起的。为了筛选出具有强滞尘能力的树种作为徐州市主要绿化树种，胡舒等（2012）对6种主要落叶绿化树种的滞尘能力进行了研究，结果表明：在外界尘源条件相同的情况下，6种树种的滞尘能力强弱依次为：紫薇＞法国梧桐＞枫杨＞毛白杨＞构树＞意大利杨。

　　然而，针对不同类型植物的滞尘能力的研究尚没能得出同一结论，植物叶片单位面积滞尘量的变异系数普遍较大，这是由于叶片滞尘受外界环境干扰较大造成的（高金晖，2007）。杜玲（2011）的研究也证实了此点，由于受外界环境影响因素较大，每种植被叶片的周滞尘量波动均较大。梁淑英（2005）对南京常见树种的研究表明，灌木的单位面积滞尘量较常绿乔木和落叶乔木大。王蓉丽等（2009）采用综合指数法分析了金华市常见园林植物综合滞尘能力，认为不同类型园林植物的综合滞尘能力为：常绿乔木＞常绿灌木＞落叶灌木＞落叶乔木＞草坪植物。李寒娥等（2006）测定了佛山市15种主要城市绿化植物滞尘能力，结果表明乔木树种滞尘量最大，说明乔木植物是滞尘的主体。此外，周晓炜（2008）、于志会（2012）和贾宗锴等（2010）均对此作了研究，但结果尚不统一。总之，在不同类型植物的滞尘能力研究中，因植物所处位置、环境差异及受研究者主观因素等影响，导致结论不同，甚至有较大差异。在乔、灌、草等植物滞尘能力的研究中，还没有得出统一的定论，选择滞尘能力强的植物，并以乔、灌、草不同生活型植物进行合理配置，是提高城市绿地滞尘效应的有效途径。

4. 不同植物配置的滞尘规律

不同的植物群落结构对园林植物滞尘产生巨大的影响。在对不同植物群落结构空气颗粒物浓度进行比较时，陈自新等（1998）的研究结果是乔灌草绿地内空气颗粒物浓度最低。孙淑萍等在探讨北京城区不同绿地类型与PM_{10}之间的关系时，发现PM_{10}年度平均值复合结构（乔灌型、灌草型、乔灌草型、乔草型）低于单一结构，说明多层绿化对于净化空气是很有益处的。张新献等（1997）在北京方庄小区研究了三种不同结构绿地的滞尘效益，结果表明，乔灌草型减尘率最高，灌草型次之，草坪较差。此外，刘学全等（2004）在宜昌市城区的研究表明，具有乔—灌—草立体结构的绿地类型滞尘效果最佳，结构单一，而立体绿量较少的草坪滞尘率较低。Baker等（1989）的研究表明，乔—灌—草型的绿地具有相对较好的滞尘作用，是目前较为理想的绿地类型。郑少文等（2008）以地处山西省晋中盆地的山西农业大学校园为试验区，研究了距扬尘源10m处不同类型绿地的减尘率依次为乔灌草复合型38%，灌草型31%，草坪7%，裸地2.6%，说明乔灌草型绿地的减尘效应最大。粟志峰等（2002）的研究表明，街道绿地应以稠密乔木型和乔木加灌木加花草型为首选，可减少颗粒物对空气质量的影响。

这方面的研究还有很多，得出的结论基本也是一致的，都以乔灌草结合的类型效益最好，以乔木为主的复层结构绿地能最有效地增加单位面积的绿量，从而提高绿地的滞尘效益。

5. 不同影响因素下的滞尘量研究

（1）植物叶表面特性对滞尘的影响

由于园林植物个体叶表面特性的差异，叶片具有表面多皱、表面粗糙、叶面多绒毛、分泌黏性的油脂和汁液等特性的园林植物能吸附大量的降尘和飘尘。沾满灰尘的叶片经雨水冲刷，又可恢复吸滞灰尘的能力（柴一新等，2002；李海梅和刘霞，2008；余曼等，2009；Beckett *et al.*，2000）。

Virginia等（1996）的研究发现，粗糙的植物叶表面在滞留悬浮颗粒物时要比光滑的叶表面更有效率，如植物表面有细绒毛或者凸起的叶脉等。王蕾等

（2006）利用电镜观察了北京市11种园林植物叶表面微形态，通过实际测量发现植被叶片上表面滞留的大气颗粒物数量为下表面的5倍；柴一新等（2002）通过电镜观察得出结论，叶表皮具沟状组织、密集纤毛的树种滞尘能力强，叶表皮具瘤状或疣状突起的树种滞尘能力差。从定量角度分析，植物叶面滞尘量随着气孔数量的增加而增加；毛被数量多的滞尘量大，且相对而言毛被短而多的滞尘能力强（愈学如，2008）。Little等（1977）、Pal等（2002）和Wedding等（1977）的研究都表明，叶子构造对捕捉颗粒的效率十分重要。大荨麻粗糙而多茸毛的叶子捕捉颗粒物的效率，要比密被茸毛的杨树叶子或表面光滑的山毛榉叶子高得多，沉积在粗糙多毛的向日葵叶子上的颗粒物，要比沉积在光滑蜡质的美国鹅掌楸叶子上的多10倍。尽管植物的枝干、树皮也具有一定的滞尘能力，在冬季树木落叶以后也能减少空气含尘量的18%~20%，但植物的叶片仍然是植物滞尘的主要部分。

（2）植物叶片倾角和树冠结构等对滞尘的影响

Beckett（1998）和Lovett（1992）等的研究表明，各种植物由于树冠结构、枝叶密度和叶面倾角不同，对大气颗粒物的滞留能力存在很大差异。俞学如（2008）通过对法国冬青4个叶片着生角度范围的研究发现，60°~90°范围内的滞尘量最大，30°~60°范围内的滞尘量最小。园林植物特别是木本植物繁茂的树冠，有降低风速作用，空气中携带的大颗粒灰尘随风速降低下沉到树木的叶片或地面，而产生滞尘效应（朱天燕，2007）。园林植物覆盖地表，可减少空气中粉尘的出现和移动，特别是一些结构复杂的植物群体对空气污染物的阻挡，使污染物不能大面积传播，有效杜绝了二次扬尘（王凤珍等，2006）。

（3）植物叶绿素含量、光合和呼吸作用对滞尘的影响

园林植物滞尘同样与叶绿素含量、光合呼吸作用有一定关系。园林植物叶片在光合作用和呼吸作用过程中，还可以通过气孔、皮孔等吸收一部分包含重金属的粉尘（王亚超，2007）。叶绿素是光合作用中重要的光能吸收色素，其含量直接影响着植物的生长发育。植物叶片受到粉尘及大气污染的影响后，叶片叶绿素Ca/Cb值呈上升趋势，叶片叶绿素总含量（C）呈下降趋势。李海梅等（2008）对青岛市城阳区5种常用绿化植物的滞尘及抗尘能力作了研究，结果表明5种植物中叶绿素Ca/Cb值变化较大的为金叶女贞，达49.34%，抗污染能力较弱；Ca/Cb值升高较小的为火棘，仅3.30%，抗污染能力较强。

（4）植物生长阶段对滞尘的影响

朱丽蓉等（2008）的研究表明滇润楠的滞尘能力与树龄成正相关，随着树龄的增加，滇润楠滞尘能力逐渐增强。在同一时间段，不同树龄滇润楠的滞尘能力

为：23a＞15a＞2a年生样树。由此可知，植物生长的阶段对植物的滞尘能力也产生较大影响。董希文等（2005）的研究也证明了此点。

（5）外界环境因素的影响

降水和大风等天气因素是影响植物叶片滞尘量的主要外界因素，二者都能减少植物叶片灰尘的现存量，同时也提高了植物的总滞尘量城市绿地的滞尘效应及评价方法（赵勇，2002）。吴志萍等（2008）研究表明雨后阴天颗粒物的浓度比雨后晴天高426%，降水对$PM_{2.5}$的清除作用在雨后晴天发挥得较好。此外，有研究表明阴天颗粒物的浓度比晴天高45%。

1.2.3　不同园林植物及配置类型对空气中 $PM_{2.5}$ 的消减作用

1. 不同植物个体对 $PM_{2.5}$ 污染消减作用

在单木尺度，研究着重于分析不同树种对颗粒物阻滞吸收作用的差异性。由于不同树种的枝干比例、枝叶形态和叶型叶量等具有很大的形态差异性，因此研究何种树种更有助于颗粒物滞留具有重大的科研价值和实际意义。理想的方式是将单株活体树木移置于密闭气室中，通过控制向气室中通入一定浓度的颗粒物，对比不同树种对$PM_{2.5}$的移除能力。然而，完整单株树木阻截颗粒物量的测定较难实现，因此在实验上一般采取收集不同树种的生物样本，并移置于密闭气室中进行实验测定，来模拟单株树木对颗粒物的阻截效果。

乔木凭借茂硕的林冠层比灌木和草本植物更能有效地捕获大气中的悬浮颗粒物。Hwang等（2011）选取了日本赤松（*Pinus densiflora*）、东北红豆杉（*Taxus cuspidata*）、美国梧桐（*Platanus occidentalis*）、榉树（*Zelkova serrata*）和银杏（*Ginkgo biloba*）5种乔木树种进行气室实验，研究它们对于空气中亚微米级颗粒物（＜1μm）和超细级颗粒物（＜0.1μm）的移除能力。试验验证，针叶树种的拦截能力远远大于阔叶树种，具有明显主脉的美桐和榉树的拦截效果也优于银杏，而美桐由于叶子具有细密绒毛状结构，有助于颗粒物滞留，因此效果优于榉树。其他研究也有类似发现：Neinhuis和Barthlott（1998）认为，银杏树具有"自清洁"特性，滞留颗粒物能力较差。王蕾等（2007）认为，针叶树有更小的叶子、更复杂的枝茎且全年有叶，能更有效地去除大气颗粒物，因此选取6种针叶树种进行对比，结果发现圆柏（*Sabina chinensis*）、侧柏（*Platycladus orientalis*）颗粒物附着密度最高；其次为雪松（*Cedrus deodara*）和白皮松（*Pinus bungeana*）；油松（*Pinus tabuliformis*）和云杉（*Picea koraiensis*）最低。贺勇等（2010）选择30种（国内引进树种10种，乡土树种20种）适于北方生长的绿化树种（以灌木为主），发现金老梅（*Potentilla fruticosa*）、红花锦鸡儿（*Caragana rosea*）、银露梅（*Potenlilla glabra*、七姐妹（*Rosa multiflora* var.*carnea*）和尼泊尔锦鸡儿（*Caragana sukiensis*）的滞尘效果最好，可作为灰尘污染较重地区的绿化植物。国外的一项研究表明由于冠层结构、树龄等因素的影响，不同树种去除$PM_{2.5}$作用不同，如海岸黑松（*Pinus nigra* var.*maritima*）、杨树（美洲黑杨与毛果杨的杂交种（*Populus deltoides* × *P. trichocarpa*）、栓皮槭（*Acer campestre*）、杂交金柏（*Cupressocyparis* × *leylandii*）和中间型花楸（*Sorbus intermedia*）去除颗粒物的最高效率分别为2.8%、0.1%、0.1%、1.2%和0.2%，海岸黑松复杂树冠结构导致其去除颗粒物的效率较高。

2. 植被对于颗粒物去除作用研究

植物导致地表粗糙度增加，风速降低，大气颗粒物易于沉降；叶表面纹理、绒毛、油脂以及湿润等特性利于大气颗粒物附着。各种植物由于叶表面特性、树冠结构、枝叶密度和叶面倾角不同，对大气颗粒物的滞留能力存在很大差异（Beckett，2000；柴一新，2002）。植物表面可以吸附颗粒物，增加颗粒物的沉降速率，从而有效地去除大气中的颗粒物（Mcdonald *et al.*，2007）。植物还可以通过改变地表温度、排放VOCs以及影响能源使用量来影响大气中的颗粒物浓度（Beckett *et al.*，1998；Heisler *et al.*，1986）。一些观测结果表明：在城市区域中的树林中间位置的颗粒浓度明显低于绿林边缘区域（Cavanagh *et al.*，2009）。城市树木能够显著去除空气污染物，并提高环境质量，有益人体健康。树木可以通过直接和间接去除污染物的方式对空气进行净化。直接方式是指树木通过叶面气孔的主要途径吸收去除气体污染物，而对于空气携带性颗粒物质则主要通过截留的方式清除。间接去除方式是指树木能够通过荫蔽和蒸发散降低大气温度，从而通过节省降温能源的方式减少相关污染物的排放，同时，降低空气温度能够降低化学反应活动，减少由此产生的次级污染物（Nowak *et al.*，2006）。

目前有大量关于植物表面对于大气颗粒物的影响的研究结果的报道。在英国西米兰城，由于城市植被覆盖率的增长（3.7% ~ 16.5%），城市大气中PM_{10}平均浓度也相应地从$2.3\mu g/m^3$降低到$2.1\mu g/m^3$（每年多去除10t）；格拉斯哥镇随着植被覆盖率的增长（从3.6%到8%）使得环境空气中PM_{10}浓度降低了2%（每年多去除4t）（Mcdonald *et al.*，2007）。大伦敦地区，城市中树冠每年去除的PM_{10}量估计在852 ~ 2121t之间（Tallis *et al.*，2011）。在美国，城市中的树木对于PM_{10}的去除量估计为214900t/年。Nowak等对美国10个城市中树木对于$PM_{2.5}$的去除进行了模拟评估，树木对于$PM_{2.5}$每年的去除量在4.7t（锡拉丘兹）到64.5t（亚特兰大）之间（Nowak et al.，2006a）。在以上地区中，树木都对当地空气质量的改善起到了一定的作用。北京园林植被的有叶季节（5～10月）的滞尘量较高，可在减少城市尘量方面发挥重要作用（陈自新，1998）。

利用小时气象数据和污染物浓度数据对美国连续大片区域进行模拟研究的结果，城市树木可以大量去除空气污染物，并提升城市空气质量，年总污染物清除量可达71.1万t，折合经济效益达38亿美元（Nowak et al.，2006）。在芝加哥进行的研究结果显示，城市森林对净化空气产生的经济效益达到920万美元（Jim et al.，2008）。采用模型模拟研究城市森林对PM_{10}的清除效果，结果表明，美国Sacramento市PM_{10}的日清除率达到2.7t，对颗粒物的清除可占到人为排放的1%～2%（Scott et al.，1998）。研究证实，相比较为矮小的植物，乔木去除气体污染物和颗粒污染物以及截留气溶胶性质污染物的能力更高。乔木除了比其他植被类型具有更高的叶面积外，还能够产生更多的湍流。切尔诺贝利核事故后的观测结果表明，森林比草地更能有效地吸收细微颗粒物。吴志萍等（2008）研究了6种城市绿地环境下空气$PM_{2.5}$浓度的变化规律，发现春、秋、冬季有乔木的绿地内空气$PM_{2.5}$浓度较低，夏季草坪内空气$PM_{2.5}$浓度较低。牛生杰等（2005）将APS—3310型激光空气动力学气溶胶粒子谱仪安装在飞机上，于1999年春末对中国西北沙漠地区上空的气溶胶进行探测，结果表明，植被覆盖度好的地点上空$PM_{2.5}$小于沙漠地点上空的$PM_{2.5}$。任启文等（2006）对北京元大都遗址公园内不同林地类型及其旁边道路空气颗粒物及微生物浓度进行了研究，发现公园内部$PM_{2.5}$值明显低于道路上的$PM_{2.5}$，表明森林具有良好的滞尘作用。Cheng Manting 等（2007）对我国台湾的台中和仁爱进行了细颗粒物含量对比研究，结果发现，台中人口众多，森林覆盖度小，而仁爱森林覆盖度高，人口稀少，所以，前者$PM_{2.5}$是后者的1.4倍，其中$PM_{2.5}$以氮氧化物为主。郭二果（2008）研究了北京西山地区3种典型游憩林对空气中颗粒物的阻滞和吸附效应，指出游憩林对空气中颗粒物的阻滞和吸附有良好的效果，能有效降低空气中颗粒物的质量含量。现阶段对树木调控$PM_{2.5}$等颗粒物种间差异的研究较少，但已有研究发现这种种间差异确实存在。由于欧洲黑松（*Pinus nigra*）和金柏（*Cupressocyparis leylandii*）叶子结构更细微复杂，因此它们截获颗粒物的效率更高（2008）。这说明合理的树种选择能够提高森林净化空气的效能。

我国近几年对大气颗粒物的排放采取了多种控制措施，取得了一定的成效，但由于颗粒物背景浓度高，生产生活排放量大，大气颗粒物浓度依然居高不下，影响了当地的空气质量以及市民健康。尤其是北京，其空气污染问题已经引起了广泛的关注。在重污染天气下，北京大气中的PM$_{2.5}$浓度经常超过100μg/m^3，为大气污染物中主要污染物（Zhang *et al.*, 2013）。利用城市园林植物对大气颗粒物的滞留作用是降低大气颗粒物污染的一种有效手段，依据滞留能力选择和优化城市园林绿化树种，对降低城市大气颗粒物污染和提高空气质量有着重要意义。对北京市内植被对于颗粒物的去除作用研究，有利于明确植物对于颗粒物的去除量，为大气中颗粒物的控制措施的制定提供参考。

1.3　研究内容与技术路线

1.3.1　具体研究内容

1. 北京地区城市绿地内不同空气颗粒物质量浓度时间变化特征及相关性分析

为更好掌握北京地区空气颗粒物污染的长期变化特征。利用城市绿地内在线环境颗粒物监测仪从2015年1月1日～2018年12月31日实时监测的ρ（PM$_{10}$）、ρ（PM$_{2.5}$）和ρ（PM$_1$）数据，对北京地区2015～2018年空气颗粒物质量浓度的时间变化特征进行分析。

2. 园林植物叶片表面滞留颗粒物特征及元素组成分析

对典型植物叶片进行直接采样、电镜分析和统计分析，分析植物叶片表面滞留细颗粒物特征及元素组成，评价园林植物滞留细颗粒物PM$_{2.5}$的能力与叶片特征的相关性，并结合能谱分析得出园林植物叶表面颗粒物的元素组成特征。

3. 评价常用园林植物滞留颗粒物的能力

选取在北京市园林绿化中应用频率较高的67种植物进行研究。其中包括38种乔木、27种灌木、2种藤本，对选定的67种常用园林植物进行植物叶片滞留颗粒物能力的评价，按照单位叶面积周滞留量及单株周滞留量进行了比较分析。

4. 园林植物对大气细颗粒物浓度的正负作用评价

以北京市常用园林绿化植物为试验材料，在目前构建的植物叶片滞留细颗粒物质量的计算模型的基础上，考虑植物释放VOCs对大气颗粒物浓度的贡献量作为一个影响因子参与计算，对植物个体消减细颗粒物的净化效益进行研究。针对园林绿地对城市大气环境中发挥的双重作用，综合评价不同植物种类对消减PM$_{2.5}$污染的能力差异，以期为城市绿地功能优化与提升提供科学依据。

5. 研究不同绿地类型内典型植物配置群落对消减大气中PM$_{2.5}$浓度的影响

研究城市绿地大气中PM$_{2.5}$浓度的变化规律，评价园林绿地对消减PM$_{2.5}$浓度的作用。并对道路绿地与公园绿地的5种典型植物配置群落及景观生态林中的现有林与道侧防护林中大气PM$_{2.5}$浓度的变化规律进行分析，评价不同植物群落对消减大气中PM$_{2.5}$浓度的作用，筛选消减PM$_{2.5}$的最佳种植模式。

6. 消减PM$_{2.5}$能力较强的典型植物配置模式优化与构建

在道路绿地、公园绿地监测结果分析筛选的基础上，根据不同绿地的主导功能特点，综合考虑绿地的景观美化功能、游憩功能、生态功能等，对初步筛选出的消减PM$_{2.5}$能力较强的绿地植物群落进行配置优化，构建6种功能优化的城市绿地典型植物群落配置模式。

1.3.2 技术路线

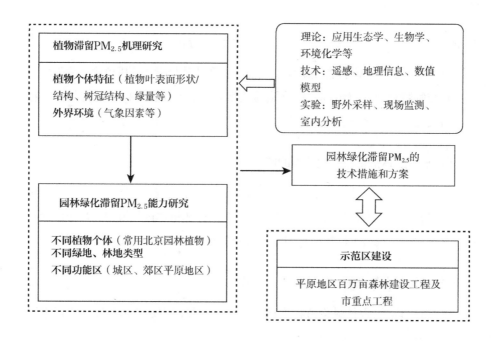

第 2 章

北京地区城市绿地内不同
空气颗粒物质量浓度时间
变化特征及相关性分析

基于北京地区2015～2018年连续、实时监测的空气颗粒物浓度数据进行分析，以期获得更具代表性、长期连续的北京地区空气颗粒物的时间变化特征，为北京地区大气污染治理提供科学依据。

2.1 研究方法

观测站点位于北京市东北四环北京市园林科学研究院附属绿地内，观测站点附近以低层办公区、温室大棚为主，监测仪器距地面2.5m高。样地面积为1000m^2，植物群落为乔灌草复层结构，乔灌木覆盖率为75%，植物种植密度为4m×4m。其中乔木树种有鹅掌楸、国槐、金枝国槐、油松、紫叶李，灌木有连翘、锦带、女贞，藤本植物为紫藤。选取2015年1月1日～2018年12月31日的ρ（PM_{10}）、ρ（$PM_{2.5}$）和ρ（PM_1）数据，每个年度有效监测天数分别为348d、358d、365d、323d，共计1394d。观测仪器采用德国Grimm Aerosol公司生产Grimm164在线环境颗粒物监测仪，每天连续24h采样，每5min记录一组数据，该仪器采用激光散射原理，不受颗粒物颜色影响，采样过程不加热除湿，保留颗粒物上的半挥发物，可同时测量ρ（PM_{10}）、ρ（$PM_{2.5}$）和ρ（PM_1）数据。年、季节均值由日均值平均得到，日均值为一个自然日24h浓度的平均值，每小时浓度值由每5min监测数据统计得到。

2.2 结果与分析

2.2.1 不同空气颗粒物质量浓度时间变化分析

1. 年度变化分析

从图2-1可以看出，北京地区2015～2018年ρ（PM_{10}）年均值显著降低，由2015年的107.7μg/m³降低至2018年的74.03μg/m³；2015～2018年ρ（$PM_{2.5}$）年均

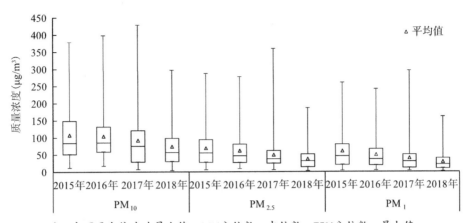

注：由下至上依次为最小值、25%分位数、中位数、75%分位数、最大值。

图2-1　三种空气颗粒物质量浓度年度变化

值分别为69.12μg/m³、61.37μg/m³、49.22μg/m³、37.21μg/m³，呈现出逐年降低的变化趋势；ρ（PM₁）年变化与ρ（PM₂.₅）相同，即逐年降低，年均值分别为60.29μg/m³、49.76μg/m³、40.26μg/m³、29.14μg/m³。三种空气颗粒物浓度25%分位数至75%分位数的范围跨度逐年缩小，反映出空气质量逐年稳定。

根据《环境空气质量标准》GB 3095—2012空气质量要求，PM₁₀和PM₂.₅日均值的二级标准浓度限值分别是150μg/m³和70μg/m³，对北京地区ρ（PM₁₀）和ρ（PM₂.₅）年度超标天数情况统计如下：2015～2018年ρ（PM₁₀）年超标天数分别为84d、71d、56d、38d，超标率（超标率=超标天数/样本总数×100%）分别为24.14%、19.83%、15.34%、11.76%，年超标率呈现出逐年下降的趋势；ρ（PM₂.₅）浓度超标天数分别为118d、101d、61d、31d，超标率分别为33.91%、28.21%、16.71%、9.6%，为逐年降低的变化。总的来看，北京地区2015～2018年ρ（PM₁₀）和ρ（PM₂.₅）的年超标率逐渐降低，空气质量逐年改善。

2. 季节变化分析

按照气象学上季节的划分，春季为3～5月，夏季为6～8月，秋季为9～11月，冬季为1～2月和12月。对比不同季节间三种颗粒物浓度大小（图2-2），可以看出：ρ（PM₁₀）季节变化与其他不同，季节平均浓度由高到低分别为春季（136.19μg/m³）>冬季（115.72μg/m³）>秋季（88.39μg/m³）>夏季（65.45μg/m³），在月均值中春季3月份为全年最高，达151.81μg/m³，冬季1月是第二个高峰值，月均值为141.66μg/m³，夏季8月是全年最低值，月均值为55.05μg/m³；ρ（PM₂.₅）

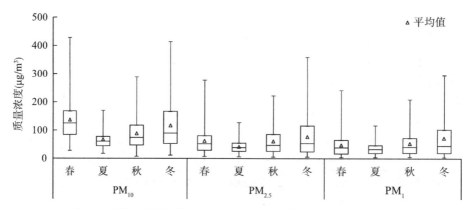

注：由下至上依次为最小值、25%分位数、中位数、75%分位数、最大值。

图2-2　三种颗粒物质量浓度季节变化

季节平均值最高的是冬季为75.87μg/m³，最低的是夏季为41.16μg/m³，春季（61.59μg/m³）和秋季（60.76μg/m³）处于中间水平，在月均值中1月浓度最高达88.68μg/m³，8月达到最低为34.95μg/m³；ρ（PM$_1$）季节变化与ρ（PM$_{2.5}$）一致，季节平均浓度最高的是冬季为66.56μg/m³，最低的是夏季为34.76μg/m³，在月均值中ρ（PM$_1$）1月浓度最高为76.60μg/m³，8月最低为29.21μg/m³。三种颗粒物浓度25%分位数至75%分位数之间的范围跨度在夏季最小、冬季最大，反映空气质量的稳定性夏季＞秋季＞春季＞冬季，在夏季很少出现较严重的污染天气。三种颗粒物浓度的平均值均高于中位数，可以反映出三种颗粒物的浓度低于平均值出现的频率较高，也就是说三种颗粒物浓度在大多数情况下低于平均水平。

各季节超标情况统计中（表2-1、表2-2），ρ（PM$_{10}$）各年度超标情况基本表现为：春季＞冬季＞秋季＞夏季；ρ（PM$_{2.5}$）季节超标情况基本表现为：冬季＞春季＞秋季＞夏季，仅在2018年ρ（PM$_{10}$）和ρ（PM$_{2.5}$）季节超标为秋季大于春季。ρ（PM$_{10}$）和ρ（PM$_{2.5}$）各季节超标率基本呈现逐年降低的趋势，ρ（PM$_{10}$）超标率最高的季节是2015年春天，超标率达到了45.12%；ρ（PM$_{2.5}$）超标率最高的季节是2015年冬季，高达55.56%，空气污染较为严重。

3. 日变化分析

图2-3为ρ（PM$_{10}$）、ρ（PM$_{2.5}$）、ρ（PM$_1$）2015～2018年及各季节的日变化规律，由2015～2018年内同一时刻浓度值平均得到。从2015～2018年日变化来看，ρ（PM$_{10}$）从1：00到24：00为先降低、再升高、再次降低、再次回升，最高值出现在23时为76.94μg/m³，第二个峰值在9：00为72.42μg/m³，最低值在15：00为65.21μg/m³。

2015~2018 年北京地区 $\rho(PM_{10})$ 超标统计　　表 2-1

年份	春季		夏季		秋季		冬季		全年	
	超标天数（d）	超标率（%）	超标天数（d）	超标率（%）	超标天数（d）	超标率（%）	超标天数（d）	超标率（%）	超标天数（d）	超标率（%）
2015	37	45.12	1	1.10	11	12.94	35	38.89	84	24.14
2016	27	29.67	1	1.11	21	23.60	22	25.00	71	19.83
2017	29	31.52	2	2.17	4	4.40	21	23.33	56	15.34
2018	12	15.38	1	1.10	18	23.08	7	9.21	38	11.76

2015~2018 年北京地区 $\rho(PM_{2.5})$ 超标统计　　表 2-2

年份	春季		夏季		秋季		冬季		全年	
	超标天数（d）	超标率（%）	超标天数（d）	超标率（%）	超标天数（d）	超标率（%）	超标天数（d）	超标率（%）	超标天数（d）	超标率（%）
2015	33	40.24	12	13.19	23	27.06	50	55.56	118	33.91
2016	28	30.77	2	2.22	40	44.94	31	35.23	101	28.21
2017	18	19.57	1	1.09	14	15.38	28	31.11	61	16.71
2018	9	11.54	1	1.10	17	18.68	4	5.13	31	9.60

ρ（$PM_{2.5}$）日变化则呈现出先降低、后升高的变化，其中浓度最高值位于2：00，为54.07μg/m³，最低值出现在16：00，为40.40μg/m³。ρ（PM_1）与ρ（$PM_{2.5}$）日变化趋势一致，即浓度先降低、后升高，浓度最高值在2：00，为48.27μg/m³，浓度最低值位于16：00，为35.43μg/m³。从季节日变化来看，ρ（PM_{10}）在春季、夏季、秋季与2015~2018年日变化相似，冬季呈现出先降低、后升高的规律；ρ（$PM_{2.5}$）、ρ（PM_1）各季节日变化规律与2015~2018年日变化规律基本相同。总的来看，三种颗粒物质量浓度均呈现出夜间高于白天，夜间颗粒物污染更为严重。在夜晚23：00至次日2：00时间段浓度最高，在下午15：00~16：00时间段浓度达到最低。不同之处为ρ（$PM_{2.5}$）和ρ（PM_1）一天之中只有夜间2：00这一个高峰值，而ρ（PM_{10}）除了夜间23：00的最高值外，在白天9：00出现第二个高峰值。

2.2.2　不同颗粒物质量浓度相关性分析

通过对PM_{10}、$PM_{2.5}$和PM_1之间的相关性分析，可以初步判断三者是否来自相同的污染源，还可以根据PM_{10}的质量浓度估算$PM_{2.5}$的质量浓度。Spearman秩相

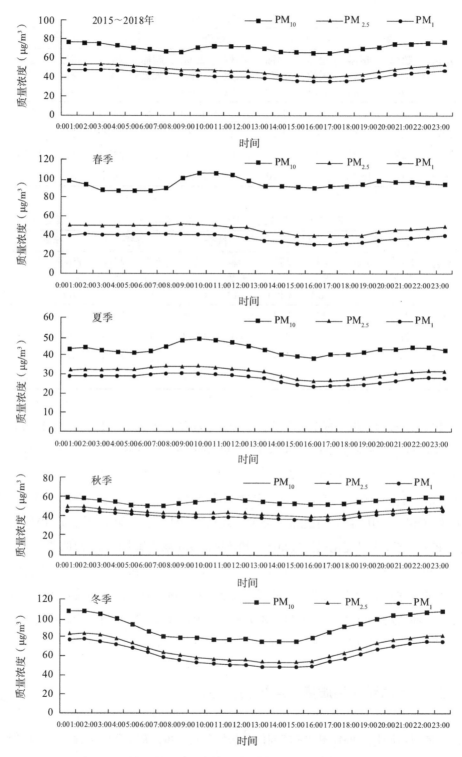

图2-3　三种空气颗粒物质量浓度日变化

关系数比传统参数分析方法适应性更强、应用范围更广。一方面Spearman秩相关分析能有效克服Pearson积矩相关系数只适合描述线性相关关系的缺点，提供2个随机变量在线性相关或非线性相关下的共变趋势程度，适用性比相应的参数方法更好。另一方面PM_{10}、$PM_{2.5}$和PM_1数据正态性检验结果不符合正态分布，因此采用非参数分析即Spearman秩相关系数统计分析方法进行相关性分析更为合理、可靠。三种颗粒物之间具有极显著正相关（表2-3），尤其是$PM_{2.5}$和PM_1之间的显著度高达0.985。之后通过回归分析建立他们之间的回归方程（图2-4），由线性回归方程可知，PM_{10}与$PM_{2.5}$、$PM_{2.5}$与PM_1、PM_{10}与PM_1的拟合度分别达到0.7674、0.9699和0.6238，同时方程回归系数同样显示他们之间表现为极显著正相关，三者同步变化率很高，即随着一个变量的增加，另一个变量亦在变大。

三种空气颗粒物质量浓度相关性分析			表 2-3
项目	PM_{10}	$PM_{2.5}$	PM_1
PM_{10}	1		
$PM_{2.5}$	0.907**	1	
PM_1	0.838**	0.985**	1

注：置信度（双侧）为0.01时，相关性是显著的。

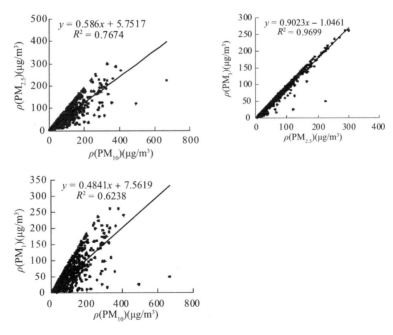

图2-4　三种空气颗粒物质量浓度相关性曲线

2.3 结论

年际变化中，北京地区ρ（PM_{10}）、ρ（$PM_{2.5}$）和ρ（PM_1）均呈现逐年降低的变化趋势，2015～2018年ρ（PM_{10}）和ρ（$PM_{2.5}$）超标天数减少，颗粒物污染情况改善程度十分明显，空气质量发生巨大改变。季节变化中，ρ（PM_{10}）最高的是春季，其次是冬季、秋季、夏季，ρ（$PM_{2.5}$）和ρ（PM_1）最高的均是冬季，最低的是夏季。ρ（PM_{10}）和ρ（$PM_{2.5}$）各季节超标率基本呈现逐年降低的趋势，超标率最高的季节分别是春季和冬季。日变化中，三种空气颗粒物浓度总体日变化趋势为白天低、夜间高。相关性分析中，PM_{10}、$PM_{2.5}$和PM_1之间具有极显著正相关，尤其是$PM_{2.5}$和PM_1。

在2015～2018年年际变化中，ρ（PM_{10}）、ρ（$PM_{2.5}$）和ρ（PM_1）均呈现逐年降低的变化趋势。从污染水平上来看，ρ（$PM_{2.5}$）在2015～2018年间年均值分别为69.12$\mu g/m^3$、61.37$\mu g/m^3$、49.22$\mu g/m^3$、37.21$\mu g/m^3$，结合王浩等（2016）的相关研究结果：北京地区2008～2013年ρ（$PM_{2.5}$）年均值分别为111.5$\mu g/m^3$、95.8$\mu g/m^3$、94.8$\mu g/m^3$、80.5$\mu g/m^3$、75.2$\mu g/m^3$、81.3$\mu g/m^3$，可以得到北京地区2008～2018年间ρ（$PM_{2.5}$）年均值呈逐年下降趋势，污染水平得到改善，但空气污染依然存在。从污染天数上来看，北京地区2015～2018年ρ（PM_{10}）和ρ（$PM_{2.5}$）超标天数减少，空气颗粒物污染情况改善程度十分明显，空气质量发生巨大改变。在空气颗粒物污染的长期变化特征分析中，这种连续、实时在线监测所获得的数据相比短期非连续采样而言，更具科学性。

在季节变化中，ρ（PM_{10}）最高的是春季，其次是冬季、秋季、夏季，春季频繁发生的沙尘天气可能对粗颗粒物的贡献较大，会明显增加PM_{10}的浓度值，在杨复沫等（2002）研究中也表明，3月和4月的PM_{10}的浓度与2月相比分别上升了46.6%和81.4%；春季、夏季由于较为有利的气象扩散条件如高温、低湿、有风、高气压等以及较多的降水过程，对大气颗粒物有较好的清除、消散作用，使污染物不容易出现大量积累现象；秋季和冬季由于供暖期逐渐增多的燃煤以及较为不利的气象扩散条件如低温、高湿、无风等，容易使ρ（$PM_{2.5}$）升高，易发生重污染过程，如持续为小风或静风天气条件下$PM_{2.5}$的浓度可升高2倍。本研究季节变化规律的结果与徐敬等（2005）2003～2004年$PM_{2.5}$浓度变化特征中春季（111$\mu g/m^3$）＞秋季（110$\mu g/m^3$）＞冬季（108$\mu g/m^3$）＞夏季（71$\mu g/m^3$）的研究结果不同，与王嫣然（2016）2014年北京$PM_{2.5}$浓度变化特征中冬季（116$\mu g/m^3$）

>秋季（86μg/m³）>春季（80μg/m³）>夏季（67μg/m³），仅春季、秋季略有不同。与大多数研究结果均保持高度一致的规律：即PM₂.₅浓度在冬季最高，夏季最低，如王占山等（2015）研究中2013年北京PM₂.₅平均浓度由高到低的季节依次是冬季（122.8μg/m³）、春季（85.1μg/m³）、秋季（84.9μg/m³）和夏季（79.1μg/m³）；陈俊良等（2016）的研究中，南京市全年PM₂.₅浓度为冬春高、夏秋低。

在日变化上，三种空气颗粒物浓度总体日变化趋势为白天低、夜间高，可能主要由交通、煤燃烧、昼夜气象条件差异等因素引起的。一是冬季燃煤取暖和交通。根据时宗波等（2002）对取暖期PM₁₀和PM₂.₅的理化特征分析的结果，PM₁₀和PM₂.₅主要来自燃煤和汽车尾气，其中21：00后以柴油为燃料的大货车在允许北京过境，排放大量的颗粒物。二是白昼气象条件的差异。白天光照作用，使空气温度升高、相对湿度减小且大气运动较强，有利于空气颗粒物的消散、稀释；而夜间温度降低、相对湿度大、风速小，大气运动较弱，不利于空气颗粒物的消散、稀释，反而会促进空气颗粒物的凝结、积累，污染加重。ρ（PM₁₀）全年日变化规律与春季日变化规律十分相似，根据黄鹤等（2011）的研究可知，扬沙天气条件下ρ（PM₁₀）较ρ（PM₂.₅）而言增加十分显著，同样在杨复沫等（2002）的研究中，ρ（PM₁₀）和ρ（PM₂.₅）的变化并非始终一致，在一定的条件（如发生沙尘暴）下甚至可能相反。而北京地区扬尘天气在春季发生频率较高，故ρ（PM₁₀）在白天出现第二个高峰值可能与北京地区春季风多风大且容易伴有沙尘或扬沙的气候特点有关。

本章只对北京地区2015～2018年PM₁₀、PM₂.₅、PM₁浓度及污染情况进行时间上的变化规律研究，今后的研究方向可从不同尺度空间变化及关联入手，为北京及周边地区空气污染治理与防治提供思路。

第 3 章

园林植物叶片表面滞留颗粒物特征及元素组成分析

3.1 材料与方法

3.1.1 供试植物种

根据北京市2009年绿化普查数据，选取在北京市园林绿化中应用频率较高的29种植物进行叶片电镜分析，包括14种乔木、14种灌木和1种藤本，每种植物均选择生长状况良好的成年植株（表3-1）。29种园林植物材料均采自同一区域内，避免不同环境条件下大气污染不同带来的误差。

选定的 29 种园林绿化树种　　　　　表 3-1

乔木14种		灌木14种		藤本1种	
中文名	拉丁名	中文名	拉丁名	中文名	拉丁名
旱柳	*Salix matsudana*	大叶黄杨	*Buxus megistophylla*		
杜仲	*Eucommia ulmoides*	金叶女贞	*Ligustrum × vicaryi*		
雪松	*Cedrus deodara*	连翘	*Forsythia suspensa*		
圆柏	*Sabina chinensis*	木槿	*Hibiscus syriacus*		
绦柳	*Salix matsudana* f. *pendula*	迎春	*Jasminum nudiflorum*		
紫叶李	*Prunus cerasifera*	紫丁香	*Syringa oblata*		
毛白杨	*Populus tomentosa*	沙地柏	*Sabina vulgalis*	紫藤	*Wisteria sinensis*
银杏	*Ginkgo biloba*	榆叶梅	*Amygdalus triloba*		
国槐	*Sophora japonica*	钻石海棠	*Malus 'sparkler'*		
臭椿	*Ailanthus altissima*	月季	*Rosa chinensis*		
栾树	*Koelreuteria paniculata*	金银木	*Lonicera maackii*		
洋白蜡	*Fraxinus pennsylvanica*	紫荆	*Cercis chinensis*		
油松	*Pinus tabuliformis*	小叶黄杨	*Buxus sinica*		
北京丁香	*Syringa pekinesis*	紫叶小檗	*Berberis thunbergii* cv. *atropurpurea*		

3.1.2　研究方法

1. 样品采集与测定

　　一般认为，15mm的降雨量就可以冲掉植物叶片的降尘，然后重新滞尘（张新献，1997）。于夏季雨后（雨量大于15mm）7d对选好的树种依据其自身特点从上、中、下不同高度及不同方向采集叶片，乔木的纵向高度差距在75cm以上，灌木的纵向高度差距在25cm以上，根据叶片大小采集叶片数量由30～300片不等，对每种树种进行3次重复采样，采集好的叶片立即封存于干净保鲜盒中用于滞尘实验。同时，对每种树种上、中、下不同高度各采集叶片3片，每种植物在3株生长状况良好的个体重复采样3次，采集好的叶片同样封存于干净保鲜盒中用于电镜分析实验，采集时选择生长状态良好且具有代表性的叶片。

2. 叶表面微结构特征指标的选取与测定

　　及时采用飞纳Phenom台式扫描电镜观测分析所采集叶片的表面，获取叶片上、下表面图像的微结构特征。

3. 环境扫描电镜—能谱分析

　　首先，将采集的植物叶片中间部位裁下约0.5cm×0.5cm的小块，贴在有导电胶的1cm×1cm金属桩上；接着，在真空条件下镀金，目的是为获取更高质量的二次电子图像，镀金时间约20s；然后，将镀金样品放入样品台；最后，在低真空状态下使用环境扫描电镜—能谱版Phenom Pro-X获取单颗粒的形貌和化学成分，并且每个样品随机选择位置，在相同放大倍数获取二次电子图像，同时进行元素分析，测试条件为：工作电压为10kV，分辨率为10μm。

3.2　结果分析

3.2.1　植物滞留不同粒径大气颗粒物的分布特征分析

　　利用ArcGIS地理信息系统软件对电镜图像进行处理，提取出叶面颗粒物的矢量图像，并做进一步统计分析处理。

（1）叶表面颗粒物的数量—粒度分布

由图3-1可以看出，在相同观测叶面积下，29种园林植物叶面颗粒物主要是 PM_{10}，叶片表面 PM_{10} 数量占颗粒物总数的平均比例均为94%以上，$PM_{2.5}$ 均在85% 以上，29种树种叶表面滞留粗颗粒物的数量对总体数量的贡献非常小，均在6% 以下。按照粒径大小0.25μm、0.5μm、1μm、2.5μm和10μm进行统计分级时发现，86%以上的树种叶表面滞留量最大的颗粒物数量在0.25~0.5μm之间，其中紫叶李叶表面滞留量达到最大值46.7%。

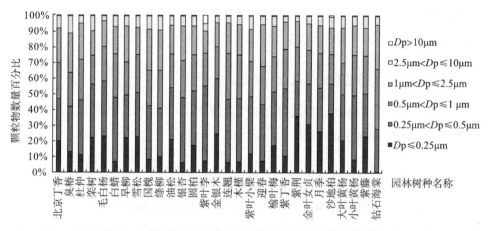

图3-1　29种园林植物叶表面颗粒物不同粒径数量分布情况

（2）叶表面颗粒物的体积—粒度分布

体积—粒度分布在一定程度上反映了颗粒物的质量—粒度分布，并能进一步反映不同树种滞留颗粒物能力的大小。如图3-2可见与叶片表面颗粒物的数量分布不同，虽然 $Dp>10μm$（粗颗粒物）范围内的颗粒物对总体数量的贡献非常小，但这一粒径范围的颗粒物对体积的贡献较大，29种树种粗颗粒物的体积百分比平均为28.7%，在2%~70.3%之间，其中沙地柏的粗颗粒物百分比最高，达到了70.32%，雪松仅次沙地柏，为60.58%，说明沙地柏和雪松滞留粗颗粒物的能力较强；而在总体数量上贡献较大的 $Dp\leq2.5μm$（$PM_{2.5}$）范围内的颗粒物对体积的贡献最小，29种树种在4.22%~26.14%之间，平均为15%；除了雪松、沙地柏和紫藤以外，其余26种树种叶表面滞留的颗粒物体积百分比最大的均在粒径范围2.5~10μm内；29种园林植物叶片滞留 PM_{10} 的体积在总体积中的比例在29%以上，平均为71.3%，对颗粒物总体积贡献最大。

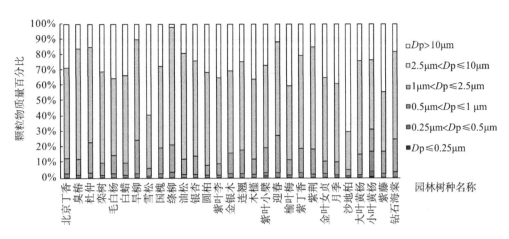

图3-2　29种园林植物叶表面颗粒物不同粒径体积百分比

3.2.2　叶表面颗粒物特征分析

由于园林植物个体叶表面特性的差异，对大气颗粒物滞留能力也不同，图3-3是29种园林植物叶片上表面滞留颗粒物形态的电镜图像。从图像中可以清晰地看出叶片颗粒物形状为不规则块体、球体和聚合体，粒度小于10μm居多，其中大叶黄杨（15a）和小叶黄杨（21a）表层有蜡质，容易滞留颗粒物；国槐（4a）叶表面褶皱多且有较多腺毛，有助于颗粒物的滞留；圆柏（13a）叶表面有密集的脊状突起，凸起之间形成沟槽，可深藏许多小颗粒物；臭椿（2a）叶表面有较密集的条状突起，突起间藏有大量颗粒物；银杏（10a）上表皮细胞轮廓较清晰，细胞多为长条形，垂周壁下陷成沟状结构，可见散在颗粒物；木槿（19a）上表面凹凸不平，细胞轮廓不清晰，表面有不规则褶皱，可见颗粒物存于褶皱处；毛白杨（6a）叶片表面有较浅沟槽，可见颗粒物存于沟槽中；紫叶李（14a）上表面凸凹不平，细胞轮廓不清楚，有深浅不一，形态不均的沟状结构与增厚的角质层突起共同形成表面褶皱，角质层突起上具线性纹饰，有散在的颗粒物存在，无气孔及毛被；而绦柳（7a）叶片表面有较宽的条状突起，突起间分布着气孔与较浅的纹理组织这样的微形态结构不利于颗粒物稳定固着；紫叶小檗（28a）上表皮细胞呈不规则体，且不规则排列，细胞之间有沟槽，颗粒物多聚集于此；洋白蜡（9a）和紫荆（26a）叶表面细胞均呈不规则排列，细胞之间的沟槽较浅，可见少量颗粒物。

结合植物滞留颗粒物能力大小分析得出，植物叶表面不论是通过细胞之间的

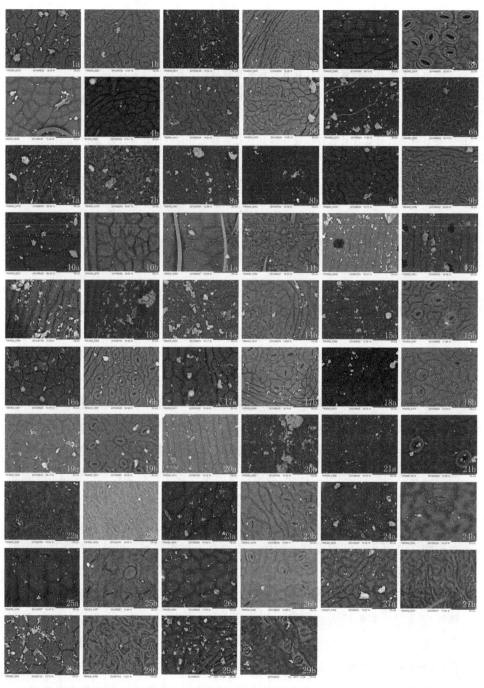

1—北京丁香；2—臭椿；3—杜仲；4—国槐；5—栾树；6—毛白杨；7—绦柳；8—雪松；9—洋白蜡；10—银杏；
11—旱柳；12—油松；13—圆柏；14—紫叶李；15—大叶黄杨；16—金叶女贞；17—金银木；18—连翘；19—木槿；
20—沙地柏；21—小叶黄杨；22—迎春；23—榆叶梅；24—月季；25—紫丁香；26—紫荆；27—紫藤；28—紫叶小檗；
29—钻石海棠   a—叶片上表面，b—叶片下表面

图3-3   29种园林植物叶表面微形态环境扫描电镜图像（×1200倍）

排列形成的沟槽还是通过各种条状突起、波状突起和脊状突起形成的沟槽，只要沟槽越密集、深浅差别越大，越有利于滞留大气颗粒物，且叶表面有蜡质（如小叶黄杨和大叶黄杨）、腺毛（如国槐）等结构及叶片能分泌黏性的油脂和汁液（如雪松和圆柏）也有利于大气颗粒物的滞留。

3.2.3　园林植物叶表面颗粒物的元素特征分析

观察扫描电镜结果发现，北京市园林植物叶片滞留大气颗粒物成分十分复杂，形态各异，大部分形状不规则。颗粒物粒径分布不均匀，小到几个微米大到几十个微米不等。结合能谱分析可以得出，植物叶表面滞留的大气颗粒物中主要含有以下几类颗粒物：烟尘集合体、矿物颗粒、飞灰、生物颗粒以及其他未知颗粒。

（1）烟尘集合体

图3-4分别是小叶黄杨和圆柏叶片表面所滞留的烟尘集合体的电镜图像和能谱图。元素分析叶表面烟尘集合体主要成分是C和O，且含有少量的Si、Al、K、Ir和Ta。

赵承美等（2015）将烟尘集合体从形态上分为链状、蓬松状和密实状。并根据烟尘集合体形态在空气环境中是否发生变化及变化的程度分为新鲜的烟尘集合体、老化（或吸湿重组）的烟尘集合体和复杂的烟尘集合体。其中，新鲜的烟尘集合体主要是由污染源直接排放，进入大气环境后形态保持原状。老化（或吸

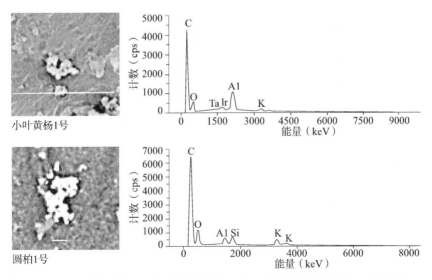

图3-4　小叶黄杨和国槐叶表面滞留的烟尘集合体的显微形貌和能谱（比例尺5μm）

湿重组）的烟尘集合体是指空气中新鲜的烟尘集合体在一定条件下形态会发生变化，尤其是含有硫元素或其他成分的烟尘集合体（这类烟尘集合体具有一定的吸湿性）变形更加明显，并且这类烟尘集合体吸附其他类型的污染物（如硫酸盐和硝酸盐）后，不仅形态发生变化，而且吸湿性更强。

小叶黄杨和圆柏叶片表面所观测到的烟尘集合体均为老化的烟尘集合体，即在特定的环境条件下发生变异的产物，有可能是烟尘集合体和其他成分的混合物。

（2）矿物颗粒

从形态上，矿物颗粒分为规则状矿物和不规则状矿物。有研究证明：规则矿物颗粒一般是大气的一次污染物经过化学反应形成的二次颗粒，主要是硫酸盐类或硝酸盐矿物。而形状不规则的矿物颗粒主要来源于风沙和建筑扬尘等，如图3-5所示，植物叶表面所观测到的矿物颗粒均为不规则状矿物。

一般来说，K是生物质燃烧的指示元素，若矿物颗粒物中含有K元素，与北京周边地区燃烧秸秆有直接关系。

国槐1号叶表面观测到的颗粒物为不规则块状，表面光滑，元素分析主要含有C和O，其次为Al和Si，并含有少量的N。可确定为硅铝酸矿物颗粒。

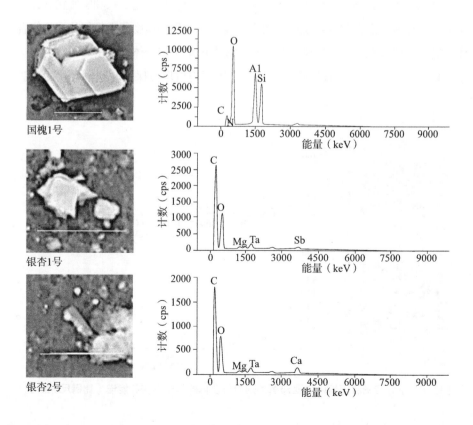

国槐1号

银杏1号

银杏2号

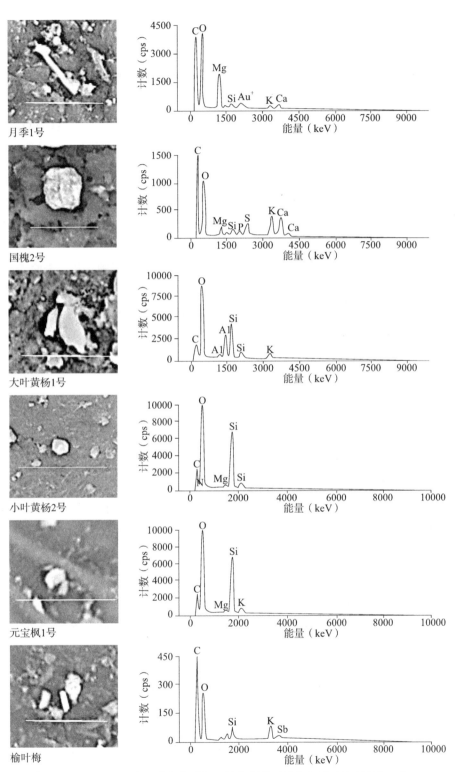

图3-5　植物叶表面滞留的矿物颗粒物显微形貌和能谱（比例尺5μm）

银杏1号矿物颗粒为不规则块状，表面光滑，棱角明显，主要含有C和O，次要为Ta、Sb和Mg。

榆叶梅叶表面滞留的颗粒物，如图3-5中所示，颗粒物为长条形，表面较光滑，能谱图显示C和O谱峰较明显，其次K和Si，应为硅酸盐颗粒物。

银杏2号叶表面滞留的矿物颗粒物，由能谱图可以看出，主要含C和O，次要为Ca、Mg、Ta等，表面光滑，规则片状，此颗粒的能谱图与白云石的能谱图相似，可以确定为白云石，在月季1号叶表面也观测到了此类颗粒，能谱图上C、O、Ca和Mg元素的峰值较高，表面光滑，呈柱状。

国槐2号叶表面观测到的颗粒物表面粗糙，形状不规则，在能谱图上主要表现为C、O和Ca元素，对照方解石的能谱图，确定此颗粒为方解石。

大叶黄杨1号叶表面滞留的矿物颗粒物为钾长石，不规则片状，表面光滑，主要为O，次要为C、Al、Si和K，Al/Si约3/5。钾长石属于长石族矿物，是硅酸盐矿物的一种，大多数包括在$KAlSi_3O_8$-$NaAlSi_3O_8$-$CaAl_2Si_2O_8$的三元系中。

石英是自然界分布较广的稳定矿物，含量变化不大，小叶黄杨2号叶表面滞留的石英颗粒，可见光滑片状，轮廓清晰，元素组成主要为O，其次C和Si，以及少量的N。

元宝枫1号叶表面滞留的石英颗粒，颗粒表面光滑，轮廓清晰，元素组成主要为O，其次C和Si，还含有微量的K和Mg，表面吸附了少量重金属。

（3）飞灰

元素分析植物叶表面滞留的飞灰主要成分以C-O-Si为主，电镜观测叶表面滞留的燃煤飞灰主要分为两种类型，第1种类型的燃煤飞灰以球形颗粒为主，表面比较光滑，有时被其他颗粒物覆盖，有时未被其他颗粒覆盖，并且粒径大部分集中在2.5μm以内。这种类型的燃煤飞灰在北京空气中比较常见，说明燃煤排放的$PM_{2.5}$仍影响着北京的大气环境质量。如图3-6所示，国槐3号、元宝枫2号、大叶黄杨2号和金钟花叶表面均观测到此类颗粒物。

第2种类型的燃煤飞灰表面不光滑，能吸附超细颗粒物或二次颗粒物，如图3-6中的国槐4号和元宝枫2号，有时污染物能在燃煤飞灰表面发生大气化学反应，使颗粒物形态发生变化。这类飞灰表面往往能吸附较高含量的重金属元素，对人体健康的危害性更大。

（4）生物颗粒

月季2号表面滞留的颗粒物，从如图3-7所示能谱图上可以看出此类颗粒Mg、C、O和K的谱峰比较明显，无规则块体，为生物碎片。

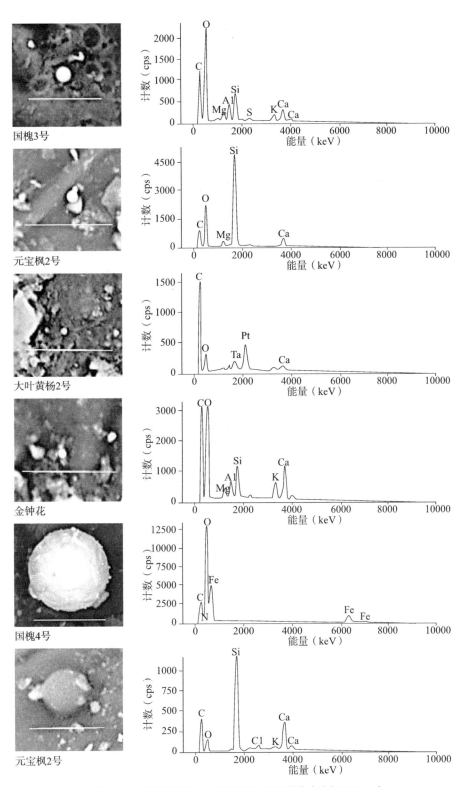

图3-6　叶表面滞留飞灰的显微形貌和能谱（比例尺5μm）

　　圆柏2号叶表面滞留的颗粒物，元素组成主要为C、O和K，无规则块体，应为生物残体。

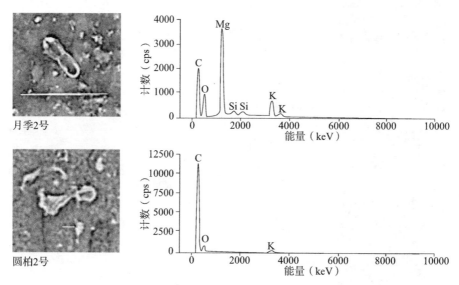

图3-7　叶表面滞留生物颗粒的显微形貌和能谱（比例尺5μm）

（5）其他颗粒

　　国槐5号叶片表面上观测到了含氮颗粒，元素组成主要为O、C、N，并含有少量的Fe。此颗粒主要来源是二次氮氧化物和铁氧化物的混合颗粒，形状为类似圆圈状，大小不一（图3-8）。

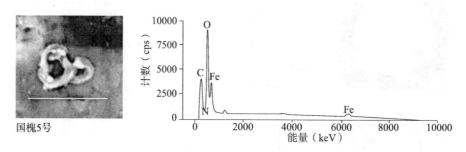

图3-8　叶表面滞留其他颗粒的显微形貌和能谱（比例尺5μm）

3.3 结论

通过分析得出，叶片滞留大气颗粒物的能力与叶片的微型态结构有关，对每一种植物进行深一步的微观了解，可以有助于滞尘树种的选择。由于园林植物个体叶表面特性的差异，叶片表面具有蜡质结构、表面可形成较深且密集沟槽、叶面多腺毛、能分泌黏性的油脂和汁液等特性的园林植物能吸附大量的降尘和飘尘。因此，对于有利于附着细颗粒物的树种，可在以飘尘为主的城市推广此树种，而有利于附着粗颗粒的树种，可以在以降尘为主的城市推广此树种。如果在城市中种植滞尘能力强的树种，再进行合理的结构设计，则对减轻城市中各种颗粒物的污染具有重要意义。

第 4 章

评价常用园林植物滞留颗粒物的能力

　　本章对选定的67种常用园林植物（38种乔木、27种灌木和2种藤本），进行植物叶片滞留不同粒径颗粒物进行定量分析，尤其是$PM_{2.5}$，提炼出园林植物应对$PM_{2.5}$污染的基础研究成果，为应对$PM_{2.5}$污染的城市绿地建设提供技术支撑。

4.1　材料与方法

4.1.1　供试植物种

　　选取在北京市园林绿化中应用频率较高的67种植物进行叶片电镜分析，包括38种乔木、27种灌木和2种藤本，每种植物均选择生长状况良好的成年植株（表4-1）。67种园林植物材料均采自同一区域内，避免不同环境条件下大气污染不同带来的误差。

供试植物种　　　　　　　　　　　　　　　表4-1

乔木38种		灌木27种		藤本2种	
中文名	拉丁名	中文名	拉丁名	中文名	拉丁名
雪松	*Cedrus deodara*	小叶黄杨	*Buxus sinica*	爬山虎	*Parthenocissus tricuspidata*
侧柏	*Platycladus orientalis*	大叶黄杨	*Buxus megistophylla*	紫藤	*Wisteria sinensis*
圆柏	*Sabina chinensis*	锦带花	*Weigela florida*		
银杏	*Ginkgo biloba*	棣棠	*Kerria japonica*		
元宝枫	*Acer truncatum*	胡枝子	*Lespedeza bicolor*		
白皮松	*Pinus bungeana*	榆叶梅	*Amygdalus triloba*		
臭椿	*Ailanthus altissima*	牡丹	*Paeonia suffruticosa*		
钻石海棠	*Malus* 'Sparkler'	天目琼花	*Viburnum opulus*		
樱花	*Prunus serrulata*	女贞	*Ligustrum lucidum*		
国槐	*Sophora japonica*	紫薇	*Lagerstroemia indica*		
柿树	*Diospyros kaki*	丁香	*Syringa oblata*		

续表

乔木38种		灌木27种		藤本2种	
中文名	拉丁名	中文名	拉丁名	中文名	拉丁名
紫叶李	*Prunus cerasifera*	迎春	*Jasminum nudiflorum*		
白玉兰	*Magnolia denudata*	卫矛	*Euonymus alatus*		
杜仲	*Eucommia ulmoides*	沙地柏	*Sabina vulgaris*		
白扦	*Picea meyeri*	木槿	*Hibiscus syriacus*		
西府海棠	*Malus × micromalus*	紫叶矮樱	*Prunus × cistena*		
毛白杨	*Populus tomentosa*	蔷薇	*Rosa multiflora*		
油松	*Pinus tabuliformis*	红瑞木	*Swida alba*		
小叶朴	*Celtis bungeana*	紫丁香	*Syringa oblata*		
流苏	*Chionanthus retusus*	月季	*Rosa chinensis*		
家榆	*Ulmus pumila*	黄刺玫	*Rosa xanthina*		
悬铃木	*Platanus orientalis*	金银木	*Lonicera maackii*		
黄栌	*Cotinus coggygria*	连翘	*Forsythia suspensa*		
合欢	*Albizia julibrissin*	金钟花	*Forsythia viridissima*		
楸树	*Catalpa bungei*	紫叶小檗	*Berberis thunbergii cv. atropurpurea*		
北京丁香	*Syringa pekinensis*	珍珠梅	*Sorbaria sorbifolia*		
旱柳	*Salix matsudana*	紫荆	*Cercis chinensis*		
栾树	*Koelreuteria paniculata*				
碧桃	*Amygdalus persica*				
七叶树	*Aesculus chinensis*				
白蜡	*Fraxinus chinensis*				
刺槐	*Robinia pseudoacacia*				
杂交马褂木	*Liriodendron chinense × tulipifera*				

乔木38种		灌木27种		藤本2种	
中文名	拉丁名	中文名	拉丁名	中文名	拉丁名
山桃	*Amygdalus davidiana*				
构树	*Broussonetia papyrifera*				
垂柳	*Salix babylonica*				
丝棉木	*Euonymus maackii*				
绦柳	*Salix matsudana* f. *pendula*				

4.1.2　研究方法

（1）样品采集与测定

一般认为，15mm的降雨量就可以冲掉植物叶片的降尘，然后重新滞尘（张新献等，1997）。于夏季雨后（雨量大于15mm）7d对选好的树种依据其自身特点从上、中、下不同高度及不同方向采集叶片，乔木的纵向高度差距在75cm以上，灌木的纵向高度差距在25cm以上，根据叶片大小采集叶片数量由30~300片不等，对每种树种进行3次重复采样，采集好的叶片立即封存于干净保鲜盒中用于滞尘实验。同时，对每种树种上、中、下不同高度各采集叶片3片，每种植物在3株生长状况良好的个体重复采样3次，采集好的叶片同样封存于干净保鲜盒中用于电镜分析实验，采集时选择生长状态良好且具有代表性的叶片。

（2）叶片处理

叶片用蒸馏水浸泡2h以浸洗掉附着物，并用不掉毛的软毛刷刷掉叶片上残留的附着物，最后用镊子将叶片小心夹出；浸洗液用已烘干称重（W_1）的滤纸抽滤，将滤纸于80℃下烘24h，再以1/10000天平称重（W_2），两次重量之差即为采集样品上所附着的降尘颗粒物重量。

夹出的叶片晾干后用3000c叶面积仪求算叶面积A。（$W_2 - W_1$）$/A$即为滞尘树种的滞尘能力（g/m^2）。

另外，及时采用Hitachi台式TM3000扫描电镜观测电镜分析实验所采集叶片的表面，获取叶片上、下表面图像，Hitachi台式TM3000电镜一改以往扫描电镜体积大、安装环境苛刻、操作复杂等缺点，体积小巧可以在普通试验台上安装使用，同时操作简易，配置高灵敏度背散射电子探测器和低真空模式，样品基本不需要制备，可以直接观测。在进行叶面观测时，每一观测叶片均是在叶片上随机裁剪的直径小于70mm的部分叶片，选择TM3000电镜电压15kV，观测模式为分析模式，放大倍数为1200倍，存储格式为TIFF。

（3）颗粒物统计分析

对观测影像上叶片颗粒物进行提取，首先利用Photoshop等软件对影像进行增强处理，提取出颗粒物的栅格图像，再利用ArcGIS等软件对处理后的影像进行二值化、重分类等处理，提取出叶面颗粒物的矢量图像，并作进一步统计分析处理（王蕾等，2007），得出颗粒物的不同粒径分布情况。具体流程如图4-1所示。

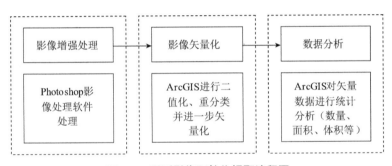

图4-1　观测影像颗粒物提取流程图

4.2　结果分析

4.2.1　园林植物滞留颗粒物能力研究

1. 园林植物滞尘量比较

（1）园林植物单位叶面积周滞尘量比较

图4-2给出了67种北京市常用园林植物单位叶面积滞尘量排序。由图4-2可以看出，个体之间滞尘能力有很大的差异，单位面积滞尘量最多的是小叶黄杨（6.102g/m²），是单位面积滞尘量最少的绦柳（0.079g/m²）的77.2倍。

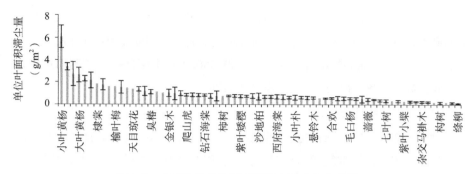

图4-2　全部植物单位叶面积滞尘能力大小比较

　　按照乔木与灌木划分比较，乔木雪松（3.405g/m²）为绦柳（0.079g/m²）的43.1倍（图4-3）；灌木小叶黄杨（6.102g/m²）为紫荆（0.213g/m²）的28.6倍（图4-4）。

　　利用SPSS13.0软件进行多重方差两两比较（S-N-K）分析，可将38个乔木树种的单位叶面积滞尘能力从大到小分组排列依次分为1~6组（$P<0.05$）（表4-2）；将27个乔木树种的单位叶面积滞尘能力从大到小分组排列依次分为1~2组（$P<0.05$）（表4-3）。

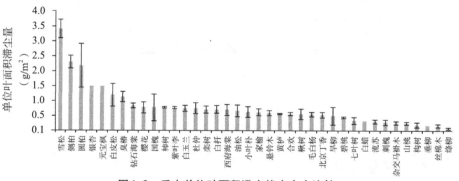

图4-3　乔木单位叶面积滞尘能力大小比较

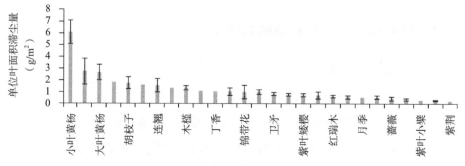

图4-4　灌木单位叶面积滞尘能力大小比较

乔木单位叶面积滞尘能力的两两 S-N-K 比较　　　表 4-2

滞尘能力 （g/m²）	第1组	第2组	第3组	第4组	第5组	第6组
	>3.0	2.0~2.5	0.7~2.0	0.45~0.7	0.15~0.45	<0.1
乔木	TD1	TD2~TD3	TD4~TD17	TD18~TD27	TD28~TD37	TD38
	1.000	0.658	0.063	0.055	0.072	0.051

灌木单位叶面积滞尘能力的两两 S-N-K 比较　　　表 4-3

滞尘能力 （g/m²）	第1组	第2组
	>6.0	<3.0
乔木	TD1	TD2~TD27
	1.000	0.114

乔木中单位叶面积滞尘量较多的植物有雪松、侧柏、圆柏、银杏、元宝枫、白皮松、臭椿，其单位叶面积滞尘量均在1g以上，较少的为旱柳、碧桃、七叶树、白蜡、流苏、刺槐、杂交马褂木、山桃、构树、垂柳、丝棉木、绦柳，其单位叶面积滞尘量均在0.5g以下。

灌木中单位叶面积滞尘量较多的植物有小叶黄杨、牡丹、大叶黄杨，其单位叶面积滞尘量均在2g以上，较少的植物有蔷薇、金钟花、紫叶小檗、珍珠梅、紫荆，其单位叶面积滞尘量均在0.5g以下。

（2）园林植物单株周滞尘量比较

综合考虑不同植株的绿量大小，计算园林植物整株树每周的滞尘能力。对比乔木整株树每周的滞尘能力，元宝枫（263.055g）是丝棉木（0.962g）的273.4倍（图4-5）。灌木木槿（19.359g）是紫叶小檗（0.115g）的168.3倍（图4-6）。

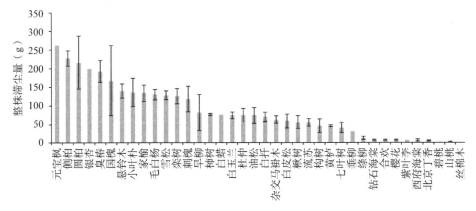

图4-5　乔木整株树每周滞尘量比较

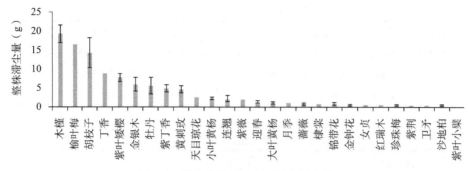

图4-6　灌木整株植物每周滞尘量比较

利用SPSS13.0软件进行多重方差两两比较（S-N-K）分析，可将38个乔木树种的整株滞尘能力从大到小分组排列依次分为1～5组（*P*<0.05）（表4-4）；将27个乔木树种的整株滞尘能力从大到小分组排列依次分为1～5组（*P*<0.05）（表4-5）。

乔木整株滞尘能力的两两 S-N-K 比较				表 4-4
滞尘能力（g/周）	第1组	第2组	第3组	第4组	第5组
	>167.0	117.0～167.0	70.0～117.0	40.0～70.0	<40
乔木	TD1～TD6	TD7～TD13	TD14～TD20	TD21～TD27	TD28～TD38
	0.086	0.098	0.054	0.080	0.053

灌木整株滞尘能力的两两 S-N-K 比较				表 4-5
滞尘能力（g/周）	第1组	第2组	第3组	第4组	第5组
	>16.0	14.0～16.0	4.0～9.0	1.5～3.0	<1.5
灌木	SD1～SD2	SD3	SD4～SD9	SD10～SD13	SD14～SD27
	0.123	0.227	0.216	0.055	0.205

乔木中单周滞尘量较多的植物有元宝枫、侧柏、圆柏、银杏、臭椿、国槐、悬铃木、小叶朴、家榆、毛白杨、雪松、栾树、刺槐，其整株树单周滞尘量均在100g以上，较少的植物有钻石海棠、合欢、樱花、紫叶李、西府海棠、北京丁香、碧桃、山桃、丝棉木，其整株树单周滞尘量均在10g以下。

灌木中单周滞尘量较多的植物有木槿、榆叶梅、胡枝子，其整株树单周滞尘量均在10g以上，较少的植物有月季、蔷薇、棣棠、锦带花、金钟花、女贞、红瑞木、珍珠梅、紫荆、卫矛、沙地柏、紫叶小檗，其整株单周滞尘量均在1g以下。

2. 园林植物 PM$_{2.5}$ 滞留量比较

（1）园林植物单位叶面积PM$_{2.5}$周滞留量比较

在植物滞尘量计算的基础上，结合电镜观测结果，计算得出单位叶面积滞留PM$_{2.5}$的质量。由图4-7可以看出，个体之间滞尘能力有很大的差异，单位面积PM$_{2.5}$滞留量最多的是小叶黄杨（1.168g/m^2）是单位面积PM$_{2.5}$滞留量最少的绦柳（0.017g/m^2）的68.7倍。

按照乔木与灌木划分比较，乔木元宝枫（0.669g/m^2）为绦柳（0.017g/m^2）的39.4倍（图4-8）；灌木小叶黄杨（1.168g/m^2）为沙地柏（0.035g/m^2）的33.4倍（图4-9）。

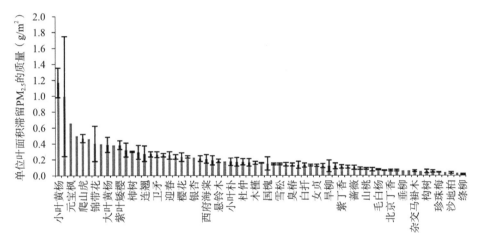

图4-7 全部植物单位叶面积PM$_{2.5}$滞留量比较

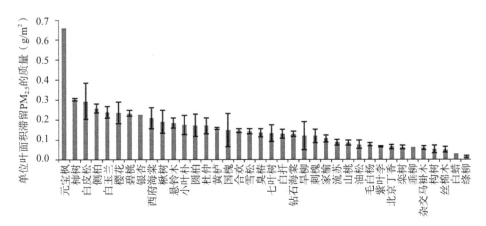

图4-8 乔木单位叶面积PM$_{2.5}$滞留量比较

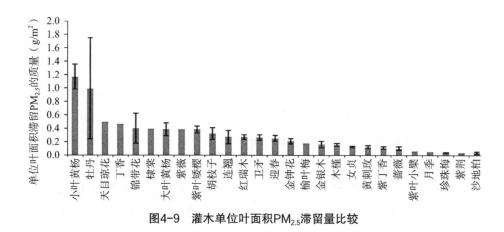

图4-9　灌木单位叶面积PM$_{2.5}$滞留量比较

利用SPSS13.0软件进行多重方差两两比较（S-N-K）分析，可将38个乔木树种的整株滞尘能力从大到小分组排列依次分为1~7组（$P<0.05$）（表4-6）；将27个落木树种的整株滞尘能力从大到小分组排列依次分为1~3组（$P<0.05$）（表4-7）。

乔木单位叶面积 PM$_{2.5}$ 滞留量的两两 S-N-K 比较　表 4-6

滞尘能力（g/m^2）	第1组	第2组	第3组	第4组	第5组	第6组	第7组
	>0.6	0.12~0.4	0.11~0.12	0.07~0.11	0.05~0.07	0.03~0.04	<0.02
乔木	TP1	TP2~TP22	TP23~TP24	TP25~TP29	TP30~TP36	TP37	TP38
	1.000	0.077	0.071	0.067	0.066	0.091	0.116

灌木单位叶面积 PM$_{2.5}$ 滞留量的两两 S-N-K 比较　表 4-7

滞尘能力（g/m^2）	第1组	第2组	第3组
	>0.9	0.2~0.5	<0.2
乔木	TP1~TP2	TP3~TP15	TP16~TP27
	0.447	0.057	0.931

乔木中单位叶面积PM$_{2.5}$滞留量较多的之物有元宝枫、柿树、白皮松、侧柏、白玉兰、樱花、碧桃、银杏、西府海棠，其单位叶面积PM$_{2.5}$滞留量均在0.2g以上，较少的为流苏、山桃、油松、毛白杨、紫叶李、北京丁香、栾树、垂柳、杂交马褂木、构树、丝棉木、白蜡、绦柳，其单位叶面积PM$_{2.5}$滞留量均在0.1g以下。

灌木中单位叶面积$PM_{2.5}$滞留量较多的植物有小叶黄杨、牡丹，其单位叶面积$PM_{2.5}$滞留量均在0.5g以上，较少的植物有紫叶小檗、月季、珍珠梅、紫荆、沙地柏，其单位叶面积$PM_{2.5}$滞留量均在0.1g以下。

（2）园林植物单株$PM_{2.5}$周滞留量比较

综合考虑不同植株的绿量大小，计算得出植物整株树每周滞留$PM_{2.5}$能力。对比乔木整株树每周的滞留$PM_{2.5}$的能力，元宝枫（115.639g）是丝棉木（0.291g）的273.4倍。灌木紫叶矮樱（3.921g）是沙地柏（0.013g）的143.7倍。

利用SPSS13.0软件进行多重方差两两比较（S-N-K）分析，可将38个乔木树种的整株滞尘能力从大到小分组排列依次分为1～7组（$P<0.05$）（表4-8）；将27个落木树种的整株滞尘能力从大到小分组排列依次分为1～5组（$P<0.05$）（表4-9）。

乔木整株 $PM_{2.5}$ 滞留量的两两 S-N-K 比较　　　　　　　表 4-8

滞尘能力（g/周）	第1组	第2组	第3组	第4组	第5组	第6组	第7组
	>115.0	27.0～49.0	19.0～26.0	10.0～19.0	5.0～9.0	2.0～3.0	<2.0
乔木	TP1	TP2～TP7	TP8～TP12	TP13～TP25	TP26～TP28	TP29～TP32	TP33～TP38
	1.000	0.052	0.053	0.055	0.072	0.055	0.085

灌木整株 $PM_{2.5}$ 滞留量的两两 S-N-K 比较　　　　　　　表 4-9

滞尘能力（g/周）	第1组	第2组	第3组	第4组	第5组
	>3.5	1.5～3.0	0.8～1.0	0.2～0.7	<0.2
灌木	SP1～SP2	SP3～SP6	SP7～SP10	SP11～SP16	SP17～SP27
	0.757	0.368	0.088	0.053	0.068

乔木中单周$PM_{2.5}$滞留量较多的植物有元宝枫、刺槐、悬铃木、小叶朴、国槐、柿树、银杏、侧柏、白玉兰、家榆、臭椿、旱柳、楸树、毛白杨、圆柏、杜仲、七叶树、流苏、白皮松、杂交马褂木、白扦、构树、黄栌、栾树、垂柳，其整株树单周$PM_{2.5}$滞留量均在10g以上，最少的为北京丁香、紫叶李、山桃、丝棉木，其整株树单周$PM_{2.5}$滞留量均在1g以下（图4-10）。

灌木中单周$PM_{2.5}$滞留量较多的植物有紫叶矮樱、丁香、胡枝子、木槿、牡丹、榆叶梅，其整株单周$PM_{2.5}$滞留量均在1g以上，较少的植物有卫矛、月季、女贞、紫荆、珍珠梅、紫叶小檗、沙地柏，其整株单周PM$_{2.5}$滞留量均在0.1g以下（图4-11）。

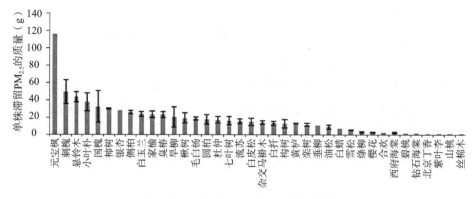

图4-10　乔木整株树PM$_{2.5}$滞留量比较

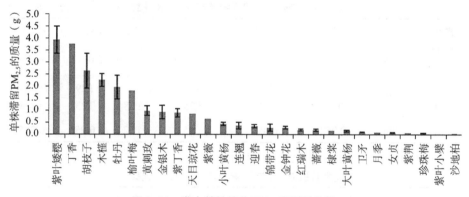

图4-11　灌木整株植物PM$_{2.5}$滞留量比较

4.2.2　北京市绿化现状对PM$_{2.5}$消减能力

根据北京市道路交通扬尘PM$_{2.5}$的年排放量为13565t（樊守彬，2016），且北京市道路交通扬尘PM$_{2.5}$约为机动车直接排放PM$_{2.5}$总量的1/5（靳秋思，2014），而北京市PM$_{2.5}$来源解析中机动车占本地贡献的31.1%（如图4-12所示），由此估算出北京市PM$_{2.5}$的年排放量为320715t。

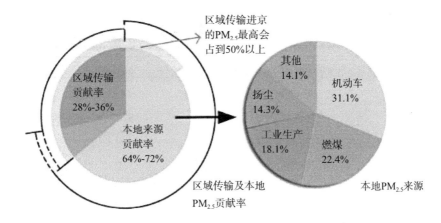

图4-12 北京市PM_{2.5}来源解析（图片来源：北京市环境保护局官网数据）

年滞留量计算时，认为落叶乔木和灌木的有效滞留时间为4月中旬~11中旬，北京市植被全年滞尘量为107469.50t，全年滞留PM$_{2.5}$估算量为12351.11t，占全市PM$_{2.5}$总排放量的3.85%，因此，植被对PM$_{2.5}$的清除还是有一定的作用。从年滞留量上来看，落叶乔木和常绿乔木的去除作用明显大于其他植被类型，分别为25174.67t和80082.35t。从年均单位滞留量上来看，常绿乔木滞留能力强于落叶乔木。主要由于常绿乔木可以全年保持有效的去除能力（表4-10~表4-12）。

乔木、灌木的全年平均滞尘量及滞留 PM$_{2.5}$ 量 表 4-10

类型	全年平均滞尘量（g/株）	全年平均滞留PM$_{2.5}$量（g/株）
落叶乔木	738.43	183.52
常绿乔木	7266.57	543.17
落叶灌木	41.46	9.62
常绿灌木	62.49	10.44
藤本月季	10.58	1.03

北京市园林植物的株数总计 表 4-11

类型	株数（株）
落叶乔木	26646335
常绿乔木	10240930
落叶灌木	25241182
常绿灌木	21982278
藤本月季	19732186

北京市不同植被类型全年滞尘量及滞留 PM$_{2.5}$ 量   表 4-12

	全年滞尘量（t/年）	全年滞留PM$_{2.5}$量（t/年）
常绿乔木	80082.35	6252.21
常绿灌木	1014.80	149.97
落叶乔木	25174.67	5706.75
落叶灌木	988.82	221.86
藤本月季	208.85	20.32
总计	107469.50	12351.11

全年绿地内PM$_{2.5}$的浓度低于裸地内PM$_{2.5}$浓度10%。不同季节空气PM$_{2.5}$浓度比较，秋季最低，春季最高。城市绿地空气PM$_{2.5}$浓度与裸地不同季节变化来看，春季、夏季与秋季绿地内空气PM$_{2.5}$浓度都低于裸地，夏季绿地内空气PM$_{2.5}$浓度与裸地差别最大，低于空地26%；冬季绿地与裸地差别很小。

颗粒物与绿地类型的关系较复杂，除了受绿地结构、绿地类型的影响以外，不同季节、不同时间也有变化。春季PM$_{2.5}$浓度高于夏季、冬季与秋季，可能原因是进入春季，天气干燥以及沙尘暴引起的土壤粒子逐渐增加，春季频繁发生的沙尘天气对土壤尘细粒子有重要贡献，PM$_{2.5}$的浓度也逐渐增加。夏季多层复合结构的乔灌草绿地中树木郁闭度和地被物覆盖度都很高、绿量大，滞留颗粒物较多，因此绿地内PM$_{2.5}$浓度较低。空地内颗粒物无法附着，悬浮于空气中，由于日照时间长，光化学反应尤其活跃，生成了更多的粒径较小的二次性气溶胶。

4.3 结论

北京市的空气质量多处在轻微污染，影响空气质量的主要是颗粒物即降尘和飘尘。北京市适生的园林树种滞尘能力有较大的差异，选择滞尘能力强的树种可以产生较大的滞尘效益。

通过对园林植物滞留不同粒径颗粒物的体积比和数量比进行分析可知：园林植物叶片表面滞留颗粒物大部分为PM$_{10}$，占94%以上，说明园林植物可以对大气可吸入颗粒物起到很好的过滤效应，有利于人体呼吸健康，按照不同粒径分级统计时发现，大部分园林树种叶表面滞留的颗粒物体积百分比最大的均在粒径范围 2.5～10μm，平均比例达到了57.3%。复旦大学公共卫生学院一项研究证实，粒径在0.25～0.5μm范围内颗粒物数浓度与健康危害关系最显著；且粒径越小，健康危害越大。这为我国大气颗粒物污染防治提供了新方向，即应重点关注更小粒径颗粒物，而不仅仅是$PM_{2.5}$。

　　进行园林植物滞留颗粒物能力分析时，综合考虑了不同植株的绿量大小，按照单位叶面积每周滞留颗粒物量及单株每周滞留颗粒物量进行了比较。乔木中单株滞尘量较多的植物有元宝枫、侧柏、圆柏、银杏、臭椿、国槐、悬铃木、小叶朴、家榆、毛白杨、雪松、栾树、刺槐，其整株树每周滞尘量均在100g以上。灌木中单株滞尘量较多的植物有木槿、榆叶梅、胡枝子，其整株每周滞尘量均在10g以上，乔木中单株滞留$PM_{2.5}$量较多的植物有元宝枫、刺槐、悬铃木、小叶朴、国槐、柿树、银杏、侧柏、白玉兰、家榆、臭椿、旱柳，其整株树每周$PM_{2.5}$滞留量均在19g以上，灌木中单株滞留$PM_{2.5}$量较多的植物有紫叶矮樱、丁香、胡枝子、木槿、牡丹、榆叶梅，其整株每周$PM_{2.5}$滞留量均在1g以上。测定树种滞留颗粒物的能力是城市绿地系统设计的依据，高大的乔木能起到阻滞、吸附外界颗粒物的作用，较密的灌草则能有效减少地面的扬尘。如果在城市中栽植、引进滞留颗粒物能力强的树种，能形成群落或森林植被，再进行合理的结构设计，则对减轻城市中各种空气颗粒物污染具有重要意义。

第 5 章

综合评价园林植物消减细颗粒浓度能力

　　植物除了在维持城市生态平衡、改善城市生活质量、提高城市自净能力、提高城市景观和生物多样性上发挥着重要的作用外，也会在生理过程中向大气释放出大量挥发性有机化合物（Volatile Organic Compound，VOC），如 α-蒎烯、异戊二烯等。在生态系统中，植物释放的VOC作为重要的化学信息传递物质，除了具有很强的生态学功能，其在缓解人类疲劳和紧张情绪、调节植物的生长发育及预防病虫害等方面均具有重要影响。另外，VOC中的成分具有很强的大气反应活性，在一定的光照等气象条件下，可通过参与光化学反应，以前体物的形式，对大气中的臭氧（O_3）和二次有机气溶胶（Secondary Organic Aerosol，SOA）的形成产生重要影响（Geng et al.，2011），这会直接或间接地影响气候变化与大气质量，且影响大小通常与排放清单总量呈正相关关系（Erik，2009；Guenther et al.，1995）。尤其随着我国经济的快速发展，其中SOA日益成为大气污染控制的关键污染物。针对园林绿地对城市大气环境中发挥的双重作用，既要综合分析城市园林植物对细颗粒物的吸附能力，又要定量分析其所释放的VOC，作为重要的前体物，其排放总量对SOA形成的贡献，研究结果有助于绿化树种的合理选择。

5.1　研究方法

5.1.1　北京市典型绿化植物滞留细颗粒物能力及特征

　　选择北京市常用的园林植物67种作为研究对象，其中包括38种乔木、27种灌木和2种藤本，每种植物均选择生长状况良好的成年植株。应用直接采样、"干洗法"称重、电镜观测分析、图像处理和统计分析相结合的方法，对选定园林植物滞留颗粒物尤其是细颗粒物$PM_{2.5}$的能力进行了定量评价。

5.1.2　北京园林植物源挥发性有机化合物排放速率

　　采用半静态封闭式采样装置收集24种北京常用园林植物的挥发性有机化合物并进行测定。试验地点位于北京云蒙山国家森林公园（116°41′19″E，40°33′5″N）和北京市园林科研院（116°27′52″E，39°58′31″N）院内。云蒙山国家森林公园位于北京市密云区西北部，为密云区和怀柔区交界处，距离北京市东直门87km，公园面积2208km²。北京市园林科研院位于东北四环外。两个采样点均为植被覆盖密集区，分别为天然植被与人工种植植被。

研究对象选取了24种树，包括11种落叶阔叶乔木、3种常绿针叶乔木、3种落叶阔叶小乔木、6种灌木（包括5种落叶阔叶灌木和1种常绿阔叶灌木）、1种藤本，选取生长良好、无病虫害的健康成树进行测量。选择风速较低、空气质量较好、无降雨、温度与光合有效辐射（PAR）接近标准条件［温度=30℃，PAR=1000μmol/（m²·s）］的天气进行测量。

采用低温冷阱预浓缩和气相色谱质谱联用技术（Gas Chromatography-Mass Spectrometer/Flame Ionization Detector，GC-MS/FID）对采集样品进行植被排放VOCs的主要类别组成与植被排放VOCs的物种浓度特征的分析。

5.1.3　构建植物消减细颗粒物模型，评价园林植物在消减细颗粒浓度的能力

在目前构建的植物叶片滞留细颗粒物质量的计算模型的基础上，考虑植物释放VOC对大气颗粒物浓度的贡献量作为一个影响因子参与计算，建成基于个体的植物消减细颗粒物模型。以15种乔灌木作为研究对象，综合评价不同植物个体对大气细颗粒物浓度的消减量。

5.2　结果分析

5.2.1　植物源挥发性有机化合物排放速率

1. 植被排放 VOCs 的主要类别组成

共检测出102种VOCs物种，分为烷烃、烯烃、含氧VOCs、卤代烃、芳香烃等主要类别，乙炔和乙腈归为"其他"类别。图5-1总结了各树种排放的VOCs主要类别组成，用各类别的排放浓度（ppbv）占VOCs总浓度的百分比表示。在测量的24种树中，绦柳、油松、黄栌、七叶树、槲栎和核桃楸等6种树主要排放烯

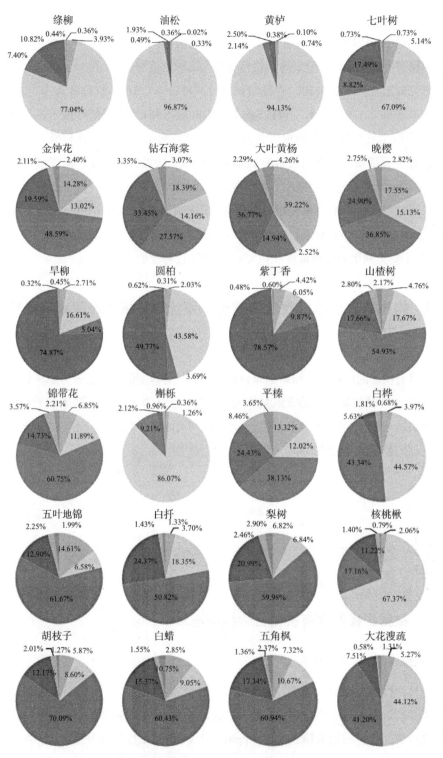

图5-1 各树种排放的VOCs主要类别组成

烃，其中，油松和黄栌排放的VOCs类别的绝大部分为烯烃，占比高达95%左右；金钟花、晚樱、山楂树、锦带花、平榛、五叶地锦、白扦、梨树、胡枝子、白蜡和五角枫等11种树主要排放含氧VOCs，其中，锦带花、五叶地锦、胡枝子、白蜡、五角枫排放的含氧VOCs比例在60%以上；旱柳、紫丁香等2种树主要排放卤代烃，占比均达75%左右；钻石海棠主要排放卤代烃与含氧VOCs；大叶黄杨主要排放烷烃与卤代烃；圆柏主要排放卤代烃与烯烃；白桦与大花溲疏主要排放烯烃与含氧VOCs。可以看出，不同树种排放的VOCs类别组成差异较大，下文从具体VOCs物种的浓度水平方面讨论各树种的排放特征。

2. 植被排放 VOCs 的物种浓度特征

　　表5-1总结了每种树种排放的主要VOCs物质浓度与总VOCs浓度，限于篇幅，列出浓度最高的前15种VOCs物质与浓度，浓度排在15位以后的与未检出的物种归为"其他"。

各树种排放的主要 VOCs 物质浓度与总 VOCs 浓度（单位：ppbv）　　表 5-1

绦柳		油松		黄栌		七叶树	
VOCs种类	浓度	VOCs种类	浓度	VOCs种类	浓度	VOCs种类	浓度
异戊二烯	260.58	α-蒎烯	5457.19	α-蒎烯	1002.61	α-蒎烯	115.01
1,2-二氯苯	33.08	1,1,2,2-四氯甲烷	76.36	1,2-二氯苯	12.19	1,2-二氯苯	25.63
MMA	14.54	1,2-二氯苯	27.58	1,1,2,2-四氯甲烷	11.27	丙酮	3.70
辛烷	9.00	异丙基苯	15.92	丙酮	5.93	MMA	3.27
丙酮	3.41	辛烷	13.13	MMA	4.61	辛烷	2.98
二氯甲烷	2.27	丙酮	13.05	2-丁酮	3.40	乙烷	2.22
乙烷	1.93	MMA	5.04	辛烷	2.98	丙烷	1.96
2-丁酮	1.76	2-丁酮	2.63	异丙基苯	2.94	1,1,2,2-四氯甲烷	1.88
乙烯	1.25	二氯甲烷	2.54	正己醛	2.45	正己醛	1.84
丙烷	1.07	乙烷	2.44	乙烷	1.99	丙醛	1.33
正己醛	1.04	正己醛	1.76	醋酸丁酯	1.34	丙烯	1.26
丙醛	0.81	乙烯	1.66	MVK	1.23	氯甲烷	1.13

续表

绿柳		油松		黄栌		七叶树	
VOCs种类	浓度	VOCs种类	浓度	VOCs种类	浓度	VOCs种类	浓度
MVK	0.74	1,3,5-三甲基苯	1.59	丙烷	1.14	二氯甲烷	1.10
乙炔	0.71	异戊二烯	1.56	二氯甲烷	1.13	2-丁酮	1.10
乙腈	0.53	1,3-二乙基苯	1.49	乙烯	1.12	醋酸丁酯	0.99
其他	9.66	其他	13.91	其他	11.06	其他	10.39
总VOCs	342.38	总VOCs	5637.86	总VOCs	1067.38	总VOCs	175.76

金钟花		钻石海棠		大叶黄杨		晚樱	
VOCs种类	浓度	VOCs种类	浓度	VOCs种类	浓度	VOCs种类	浓度
1,2-二氯苯	13.10	1,2-二氯苯	20.92	1,2-二氯苯	12.90	1,2-二氯苯	13.33
MMA	8.86	α-蒎烯	7.83	乙烷	5.59	α-蒎烯	7.74
α-蒎烯	7.92	丙酮	5.65	丙烷	3.94	丙酮	5.47
醋酸丁酯	7.36	MMA	5.57	辛烷	2.98	MMA	4.80
正己醛	6.88	乙烷	3.72	正丁烷	1.95	2-丁酮	3.88
丙醛	6.56	辛烷	2.98	丙酮	1.86	正己醛	3.65
丙酮	4.15	丙烷	2.90	乙炔	1.57	乙烷	3.14
乙烷	3.11	2-丁酮	2.51	二氯甲烷	1.25	辛烷	2.98
辛烷	2.98	乙烯	2.42	异丁烷	1.18	丙烷	2.55
2-丁酮	2.60	正己醛	1.94	2-丁酮	1.15	乙烯	2.27
丙烷	2.46	乙炔	1.60	氯甲烷	1.10	丙醛	2.04
乙烯	2.29	二氯甲烷	1.52	异丙烷	0.89	氯甲烷	1.87
n-戊醛	1.47	氯甲烷	1.48	乙烯	0.80	醋酸丁酯	1.82
二氯甲烷	1.41	丙醛	1.48	MMA	0.70	n-戊醛	1.43
正丁醛	1.38	正丁烷	1.42	丙醛	0.60	乙炔	1.34
其他	16.22	其他	16.38	其他	6.78	其他	16.11
总VOCs	88.75	总VOCs	80.31	总VOCs	45.25	总VOCs	74.40

续表

旱柳		圆柏		紫丁香		山楂树	
VOCs种类	浓度	VOCs种类	浓度	VOCs种类	浓度	VOCs种类	浓度
1,2-二氯苯	384.25	1,2-二氯苯	284.28	1,2-二氯苯	211.41	丙酮	14.21
异戊二烯	82.50	α-蒎烯	250.44	α-蒎烯	13.54	MMA	9.15
丙酮	4.26	丙酮	4.05	丙醛	4.35	异戊二烯	7.08
乙烷	3.10	辛烷	2.98	丙酮	3.92	1,2-二氯苯	5.84
丙醛	3.01	乙烷	2.72	正己醛	3.63	二氯甲烷	2.69
辛烷	2.98	丙醛	2.62	乙烷	3.03	2-丁酮	2.60
2-丁酮	2.75	正己醛	2.61	醋酸丁酯	3.01	α-蒎烯	1.64
正己醛	2.73	2-丁酮	2.54	辛烷	2.98	MVK	1.54
丙烷	2.38	丙烷	2.11	2-丁酮	2.68	乙烷	1.27
MMA	2.21	MMA	2.02	MMA	2.24	氯甲烷	1.17
醋酸丁酯	1.98	异戊二烯	1.79	丙烷	2.15	乙烯	1.14
α-蒎烯	1.76	1,1,2,2-四氯甲烷	1.71	二氯甲烷	2.00	丙醛	1.06
MVK	1.71	乙烯	1.59	n-戊醛	1.56	正己醛	1.01
二氯甲烷	1.71	醋酸丁酯	1.52	正丁醛	1.38	MACR[3]	0.91
正十一烷	1.51	二氯甲烷	1.43	乙烯	1.34	乙腈	0.81
其他	22.77	其他	19.79	其他	17.07	其他	7.97
总VOCs	521.60	总VOCs	584.18	总VOCs	276.28	总VOCs	60.09
锦带花		栎栎		平榛		白桦	
VOCs种类	浓度	VOCs种类	浓度	VOCs种类	浓度	VOCs种类	浓度
丙酮	18.27	异戊二烯	328.99	丙酮	25.16	α-蒎烯	90.21
MMA	7.20	丙酮	17.30	异戊二烯	9.88	丙酮	64.28
异戊二烯	5.68	MMA	6.61	1,2-二氯苯	8.35	MMA	10.07
1,2-二氯苯	3.50	2-丁酮	4.41	二氯甲烷	7.23	1,2-二氯苯	6.72
二氯甲烷	3.24	1,2-二氯苯	3.44	MMA	6.27	MVK	6.37
正己醛	2.92	二氯甲烷	2.67	氯仿	6.16	异戊二烯	5.35

续表

锦带花		椴椤		平榛		白桦	
VOCs种类	浓度	VOCs种类	浓度	VOCs种类	浓度	VOCs种类	浓度
2-丁酮	2.52	正十一烷	2.16	甲苯	5.97	2-丁酮	3.54
醋酸丁酯	2.10	顺-2-戊烯	1.62	乙烷	2.84	丙醛	2.64
乙烷	1.41	MVK	1.41	2-丁酮	2.75	正己醛	2.26
氯甲烷	1.28	α-蒎烯	1.31	乙腈	2.48	二氯甲烷	2.04
丙醛	1.06	乙烷	1.29	异丙烷	2.34	异丙烷	1.34
乙腈	0.83	正己醛	1.22	氯甲烷	2.22	醋酸丁酯	1.32
α-蒎烯	0.80	氯甲烷	1.08	丙烷	2.15	氯甲烷	1.24
乙酸甲酯	0.70	乙酸乙酯	0.88	乙烯	1.61	1,3-二乙基苯	1.23
MVK	0.67	乙腈	0.85	乙炔	1.48	甲基环己烷	1.21
其他	9.06	其他	11.60	其他	21.48	其他	18.36
总VOCs	61.23	总VOCs	386.85	总VOCs	108.38	总VOCs	218.17

五叶地锦		白扦		梨树		核桃楸	
VOCs种类	浓度	VOCs种类	浓度	VOCs种类	浓度	VOCs种类	浓度
丙酮	22.11	丙酮	35.69	丙酮	18.56	α-蒎烯	114.53
MMA	9.53	1,2-二氯苯	16.46	MMA	6.42	丙酮	17.13
丙烷	6.16	α-蒎烯	15.84	1,2-二氯苯	5.91	1,2-二氯苯	13.38
1,2-二氯苯	3.71	MMA	5.96	二氯甲烷	3.50	MMA	5.99
2-丁酮	2.91	1,1,2,2-四氯甲烷	3.41	丙醛	2.50	二氯甲烷	2.54
丙醛	2.64	2-丁酮	2.87	异戊二烯	2.43	异戊二烯	2.30
异戊二烯	2.47	异戊二烯	2.49	正己醛	1.97	2-丁酮	1.97
二氯甲烷	2.16	二氯甲烷	2.44	2-丁酮	1.90	乙烷	1.16
正己醛	1.96	正己醛	2.10	MVK	1.43	氯甲烷	1.11
氯甲烷	1.68	丙醛	2.00	氯甲烷	1.39	1,1,2,2-四氯甲烷	0.97
乙烷	1.19	氯甲烷	1.91	醋酸丁酯	1.33	正己醛	0.95
丙烯醛	1.13	氯仿	1.42	乙烷	1.29	乙腈	0.87
氯仿	1.12	乙烷	1.24	乙腈	1.27	丙烷	0.84
正丁烷	1.05	MVK	1.18	丙烷	1.12	氯仿	0.83

续表

| 五叶地锦 | | 白扦 | | 梨树 | | 核桃楸 | |
VOCs种类	浓度	VOCs种类	浓度	VOCs种类	浓度	VOCs种类	浓度
异丁烷	1.02	丙烷	0.93	丙烯醛	1.04	乙酸甲酯	0.73
其他	13.03	其他	12.18	其他	11.86	其他	9.20
总VOCs	73.88	总VOCs	108.13	总VOCs	63.92	总VOCs	174.50

| 胡枝子 | | 白蜡 | | 五角枫 | | 大花溲疏 | |
VOCs种类	浓度	VOCs种类	浓度	VOCs种类	浓度	VOCs种类	浓度
丙酮	18.56	丙酮	17.21	丙酮	15.16	异戊二烯	31.54
乙酸甲酯	12.51	MMA	4.99	1,2-二氯苯	4.63	丙酮	17.86
MMA	12.19	1,2-二氯苯	3.74	MMA	3.83	MMA	3.76
醋酸丁酯	10.49	异戊二烯	3.02	正己醛	2.57	1,2-二氯苯	2.54
正己醛	8.47	2-丁酮	2.60	异戊二烯	2.43	MVK	2.20
1,2-二氯苯	7.33	丙醛	2.20	丙醛	2.16	2-丁酮	1.42
丙醛	4.58	二氯甲烷	1.76	α-蒎烯	2.14	丙醛	1.39
异戊二烯	4.51	乙腈	1.23	醋酸丁酯	1.93	二氯甲烷	1.35
2-丁酮	2.77	正己醛	1.23	二氯甲烷	1.50	MACR	1.21
顺-1,2-二氯乙烯	2.36	氯甲烷	1.20	2-丁酮	1.27	正己醛	1.14
α-蒎烯	2.33	乙烷	1.12	氯甲烷	1.07	氯甲烷	1.11
丙烯醛	1.63	丙烯醛	1.02	乙烷	0.96	乙烷	0.90
二氯甲烷	1.46	甲基环己烷	0.91	乙腈	0.84	α-蒎烯	0.87
2,3-二甲基丁烷	1.28	α-蒎烯	0.69	丙烯醛	0.68	乙腈	0.75
乙腈	1.06	顺-1,2-二氯乙烯	0.65	丙烷	0.38	丙烯醛	0.67
其他	15.67	其他	9.81	其他	6.65	其他	6.97
总VOCs	107.19	总VOCs	53.37	总VOCs	48.21	总VOCs	75.69

注：①MMA：甲基丙烯酸甲酯；②MVK：甲基乙烯基酮；③MACR：2-甲基丙烯醛。

　　不同树种排放的VOCs浓度差异较大，VOCs浓度的范围从ppb级到ppm级。就总VOCs而言，有超过一半树种的BVOCs排放浓度高于100ppb。油松的排放浓度最高，总VOCs浓度高达5.6ppm；黄栌的排放浓度次之，但排放的总VOCs浓度不及油松的20%；总VOCs排放浓度高于100ppb的树种还包括圆柏、旱柳、槲栎、绦柳、紫丁香、白桦、七叶树、核桃楸、平榛、白扦、胡枝子。可以看出，在所研究的树种中，排放浓度较高的树种多为落叶阔叶乔木、小乔木与常绿针叶乔木，灌木与藤本的排放水平相对较低。

就具体VOCs物种而言，不同树种所排放的高浓度物种类别与浓度水平也有较大差异。总体而言，排放浓度较高的物种包括异戊二烯、α-蒎烯、丙酮、1, 2-二氯苯等，其中，异戊二烯与α-蒎烯是受关注较高的萜烯类物种。绦柳、旱柳、槲栎等落叶阔叶乔木排放的异戊二烯浓度较高，其中，旱柳的异戊二烯排放浓度为82.50ppb，占总VOCs排放浓度的15.8%；绦柳与槲栎排放的最主要物种为异戊二烯，浓度分别为260.58ppb和328.99ppb，分别占总VOCs排放浓度的76.1%和85.0%。在所研究的灌木中，大花溲疏排放的最主要物种为异戊二烯，浓度相对较高，为31.54ppb，占总VOCs排放浓度的41.7%。对于其他灌木，异戊二烯是锦带花、平榛、胡枝子排放的主要VOCs物种之一，排放浓度在4～10ppb之间；金钟花的异戊二烯浓度低于1ppb；大叶黄杨的异戊二烯未检出。

油松、圆柏、白扦等常绿针叶乔木的异戊二烯排放浓度较低，均低于2.5ppb；α-蒎烯是这三种常绿针叶树种排放的主要物种之一。油松排放的绝大部分VOCs为α-蒎烯，其排放浓度高达5.5ppm，远高于其他树种；圆柏的α-蒎烯排放浓度为250.44ppb，占总VOCs排放浓度的42.9%；白扦相比油松和圆柏，α-蒎烯排放浓度较低，为15.84ppb。以往较多研究认为，α-蒎烯排放水平较高的树种多为针叶树种，本研究的针叶树测量结果印证了这一结论，也发现了4种α-蒎烯排放水平较高的阔叶树种，包括黄栌、七叶树、核桃楸和白桦。这4种树排放的最主要物种均为α-蒎烯，其中，黄栌的异戊二烯排放浓度超过1ppm，占总VOCs排放浓度的93.9%；七叶树、核桃楸和白桦的α-蒎烯排放浓度分别为115.01ppb、114.53ppb和90.21ppb，分别占总VOCs排放浓度的65.4%、65.6%和41.3%。灌木的α-蒎烯排放浓度相对较低，金钟花和胡枝子的α-蒎烯浓度分别为7.92ppb和2.33ppb；其他灌木的α-蒎烯浓度均低于1ppb。

丙酮和1,2-二氯苯是除大花溲疏以外的灌木排放的主要VOCs物种。锦带花、平榛和胡枝子排放的最主要物种为丙酮，浓度分别为18.27ppb、25.16ppb和18.56ppb，分别占总VOCs排放浓度的29.8%、23.2%和17.3%；金钟花和大叶黄杨排放的最主要物种为1,2-二氯苯，浓度分别为13.10ppb和12.90ppb，分别占总VOCs排放浓度的14.8%和28.5%。除部分灌木以外，五叶地锦（藤本）和白扦（常绿针叶）排放的最主要物种也为丙酮，排放浓度分别为22.11ppb和35.69ppb，分别占总VOCs排放浓度的30%和33%。山楂树、梨树、白蜡、五角枫等4种落叶阔叶树种也以排放丙酮为主,浓度均在16ppb左右。此外,虽然丙酮不是白桦排放的最主要物种,但该树种的丙酮浓度相对较高,近65ppb。除部分灌木以外,钻石海棠、紫丁香等2种小乔木和晚樱也以排放1,2-二氯苯为主,浓度分别为20.92ppb、211.41ppb和13.33ppbv,分别占总VOCs排放浓度的26.0%、76.5%和17.9%。此外,对绦柳、油松和七叶树而言,虽然1,2-二氯苯不是它们排放的最主要物种,但它们的1,2-二氯苯排放浓度均较高,分别为33.08ppb、27.58ppb和25.63ppb。

除异戊二烯、α-蒎烯、丙酮和1,2-二氯苯外,还有一些含氧VOCs、卤代烃与芳香烃物种是一部分树种排放的主要化合物,排放浓度也相对较高。甲基丙烯酸甲酯(MMA)是绦柳、白桦和胡枝子排放的主要含氧VOCs物种之一,排放浓度均高于10ppb。乙酸甲酯和醋酸丁酯是胡枝子排放的最主要含氧VOCs,浓度均高于10ppb。1,1,2,2-四氯甲烷是油松和黄栌排放的主要卤代烃物种之一,油松的排放浓度高达76.36ppb,黄栌的排放浓度高于10ppb。异丙基苯是油松排放的最主要芳香烃物种,浓度近16ppb。

综上所述,在北京地区测量的24种树中,油松和黄栌的总VOCs排放浓度水平最高,达ppm级;圆柏、旱柳、榆栎、绦柳的总VOCs排放水平相对较高,均高于300ppb。绦柳、旱柳、榆栎等3种落叶阔叶乔木和大花溲疏(灌木)排放的异戊二烯浓度较高,分别为82.50ppb、260.58ppb、328.99ppb和31.54ppb,分别占总VOCs排放浓度的15.8%、76.1%、85.0%和41.7%。油松、圆柏、白扦等常绿针叶乔木和除大花溲疏以外的灌木的异戊二烯排放浓度相对较低。油松和圆柏两种针叶树以排放α-蒎烯为主,浓度分别为5.5ppm和250.44ppb。除针叶树以外,黄栌、七叶树、核桃楸和白桦等阔叶树也以排放α-蒎烯为主,浓度分别为1.002ppm、115.01ppb、114.53ppb和90.21ppb。除蒎烯以外,丙酮、MMA、1,2-二氯苯、1,1,2,2-四氯甲烷等含氧VOCs和卤代烃也是部分树种排放的高浓度物种。灌木以排放丙酮或1,2-二氯苯为主,锦带花、平榛和胡枝子排放的最主要物种为丙酮,浓度为18~26ppb;金钟花和大叶黄杨排放的最主要物种为1,2-二氯苯,浓度均为13ppb左右。

3. 植被排放 VOCs 速率特征

表5-2总结了每种树种在标准条件下排放的主要VOCs物质与排放速率,限于篇幅,列出排放速率最高的前15种VOCs物质与其排放速率,排放速率排在15位

以后的与未检出的物种归为"其他"。

标准条件下各树种排放的主要 VOCs 物质与排放速率

（单位：μgC/（gdw·h）） 表 5-2

绿柳		油松		黄栌		七叶树	
VOCs 种类	排放速率	VOCs 种类	排放速率	VOCs 种类	排放速率	VOCs 种类	排放速率
异戊二烯	28.624	α-蒎烯	41.020	α-蒎烯	154.265	α-蒎烯	5.159
1,2-二氯苯	1.429	异丙基苯	0.100	1,2-二氯苯	0.456	1,2-二氯苯	0.577
辛烷	0.668	1,2-二氯苯	0.066	异丙基苯	0.393	MMA	0.070
MMA	0.650	辛烷	0.066	MMA	0.300	正己醛	0.059
丙酮	0.068	1,1,2,2-四氯甲烷	0.053	丙酮	0.215	丙酮	0.037
正己醛	0.058	丙酮	0.023	正己醛	0.212	辛烷	0.032
2-丁酮	0.049	MMA	0.014	2-丁酮	0.168	丙烯	0.021
α-蒎烯	0.048	1,3-二乙基苯	0.010	1,1,2,2-四氯甲烷	0.166	丙醛	0.017
异丙基苯	0.025	1,3,5-三甲基苯	0.010	辛烷	0.142	醋酸丁酯	0.015
乙烯	0.022	2-丁酮	0.004	醋酸丁酯	0.082	异丙基苯	0.014
顺-2-戊烯	0.021	异戊二烯	0.004	MVK	0.056	丙烷	0.013
n-戊醛	0.021	醋酸丁酯	0.002	1,3-二乙基苯	0.047	n-戊醛	0.012
MVK	0.020	乙烯	0.002	n-戊醛	0.046	丙烯醛	0.008
丙醛	0.016	乙烷	0.002	丙醛	0.032	1,1,2,2-四氯甲烷	0.008
MACR	0.015	正十一烷	0.001	乙烯	0.024	2-丁酮	0.007
其他	0.212	其他	0.013	其他	0.181	其他	0.045
总VOCs	31.946	总VOCs	41.390	总VOCs	156.785	总VOCs	6.096
金钟花		钻石海棠		大叶黄杨		晚樱	
VOCs 种类	排放速率	VOCs 种类	排放速率	VOCs 种类	排放速率	VOCs 种类	排放速率
MMA	0.861	α-蒎烯	1.046	1,2-二氯苯	0.209	α-蒎烯	0.383
醋酸丁酯	0.858	1,2-二氯苯	0.729	辛烷	0.111	1,2-二氯苯	0.188

续表

金钟花		钻石海棠		大叶黄杨		晚樱	
VOCs 种类	排放速率	VOCs 种类	排放速率	VOCs 种类	排放速率	VOCs 种类	排放速率
正己醛	0.837	MMA	0.343	乙烷	0.070	正己醛	0.115
1,2-二氯苯	0.688	丙酮	0.171	丙烷	0.056	MMA	0.107
丙醛	0.378	辛烷	0.110	正丁烷	0.039	丙酮	0.073
辛烷	0.200	正己醛	0.109	2-丁酮	0.031	2-丁酮	0.069
丙酮	0.190	2-丁酮	0.103	丙酮	0.029	醋酸丁酯	0.049
2-丁酮	0.172	醋酸丁酯	0.051	异丁烷	0.020	辛烷	0.047
n-戊醛	0.143	2-戊酮	0.037	异丙烷	0.006	n-戊醛	0.032
正丁醛	0.104	丙醛	0.033	戊烷	0.006	丙醛	0.027
2-戊酮	0.090	异戊二烯	0.033	MMA	0.005	异戊二烯	0.024
异戊二烯	0.082	n-戊醛	0.030	顺-2-丁烯	0.002	正丁醛	0.019
丙烯醛	0.071	乙烯	0.024	乙腈	0.002	2-戊酮	0.019
异丙基苯	0.046	异丙基苯	0.022	氯甲烷	0.001	乙烯	0.013
乙烯	0.036	甲苯	0.022	二氯甲烷	0.001	乙酸乙酯	0.011
其他	0.296	其他	0.253	其他	0.003	其他	0.152
总VOCs	5.052	总VOCs	3.117	总VOCs	0.589	总VOCs	1.330

旱柳		圆柏		紫丁香		山楂树	
VOCs 种类	排放速率	VOCs 种类	排放速率	VOCs 种类	排放速率	VOCs 种类	排放速率
异戊二烯	27.083	α-蒎烯	18.642	1,2-二氯苯	3.705	MMA	0.327
1,2-二氯苯	2.820	1,2-二氯苯	2.395	α-蒎烯	3.353	1,2-二氯苯	0.190
α-蒎烯	0.559	正己醛	0.089	正己醛	0.504	丙酮	0.188
正十一烷	0.508	1,3-二乙基苯	0.084	醋酸丁酯	0.290	异戊二烯	0.132
正己醛	0.469	异戊二烯	0.081	丙醛	0.263	α-蒎烯	0.098
丙酮	0.272	辛烷	0.054	异戊二烯	0.258	2-丁酮	0.060
MMA	0.253	MMA	0.051	MMA	0.195	正己醛	0.048
2-丁酮	0.249	丙酮	0.047	2-丁酮	0.173	醋酸丁酯	0.028
丙醛	0.207	异丙基苯	0.045	丙酮	0.171	乙苯	0.021
醋酸丁酯	0.186	2-丁酮	0.045	辛烷	0.168	丙醛	0.021

续表

旱柳		圆柏		紫丁香		山楂树	
VOCs种类	排放速率	VOCs种类	排放速率	VOCs种类	排放速率	VOCs种类	排放速率
n-戊醛	0.184	n-戊醛	0.038	n-戊醛	0.159	乙烯	0.019
辛烷	0.177	丙醛	0.027	正丁醛	0.104	间/对-二甲苯	0.014
正丁醛	0.157	醋酸丁酯	0.025	2-戊酮	0.077	异丙基苯	0.014
MVK	0.156	1,3,5-三甲基苯	0.024	丙烯醛	0.063	正十一烷	0.014
2-戊酮	0.110	正丁醛	0.023	乙烯	0.037	邻-二甲苯	0.011
其他	0.579	其他	0.106	其他	0.210	其他	0.108
总VOCs	33.969	总VOCs	21.777	总VOCs	9.733	总VOCs	1.293

锦带花		槲栎		平榛		白桦	
VOCs种类	排放速率	VOCs种类	排放速率	VOCs种类	排放速率	VOCs种类	排放速率
丙酮	1.841	异戊二烯	40.790	丙酮	3.059	α-蒎烯	20.417
MMA	1.278	丙酮	0.541	甲苯	1.987	丙酮	4.032
正己醛	0.716	MMA	0.364	异戊二烯	1.722	MMA	1.016
醋酸丁酯	0.529	正十一烷	0.306	MMA	1.189	1,2-二氯苯	0.639
α-蒎烯	0.291	2-丁酮	0.194	1,2-二氯苯	0.781	MVK	0.488
2-丁酮	0.283	α-蒎烯	0.165	氯仿	0.599	1,3-二乙基苯	0.271
正十一烷	0.096	顺-2-戊烯	0.110	异丙烷	0.556	正己醛	0.271
丙醛	0.094	正己醛	0.087	2-丁酮	0.351	2-丁酮	0.255
正癸烷	0.085	醋酸丁酯	0.052	正己烷	0.342	1,3,5-三甲基苯	0.212
二氯甲烷	0.080	1,4-二乙基苯	0.051	正己醛	0.328	甲基环己烷	0.192
正壬烷	0.062	1,3-二乙基苯	0.049	α-蒎烯	0.291	醋酸丁酯	0.162
异丙基苯	0.052	乙酸乙酯	0.042	二氯甲烷	0.283	丙醛	0.151
1,4-二乙基苯	0.051	苯乙烯	0.038	苯	0.279	异丙烷	0.141
苯乙烯	0.049	1,2,3-三甲基苯	0.036	丙烷	0.234	异丙基苯	0.112

续表

锦带花		椴栎		平榛		白桦	
VOCs种类	排放速率	VOCs种类	排放速率	VOCs种类	排放速率	VOCs种类	排放速率
甲苯	0.048	1,2,4-三甲基苯	0.029	乙酸乙酯	0.224	辛烷	0.109
其他	0.880	其他	0.319	其他	3.472	其他	1.047
总VOCs	6.434	总VOCs	43.172	总VOCs	15.697	总VOCs	29.515

五叶地锦		白扦		梨树		核桃楸	
VOCs种类	排放速率	VOCs种类	排放速率	VOCs种类	排放速率	VOCs种类	排放速率
MMA	1.851	α-蒎烯	1.127	MMA	0.336	α-蒎烯	15.200
丙酮	1.130	丙酮	0.573	异戊二烯	0.229	1,2-二氯苯	0.798
丙烷	0.836	MMA	0.128	丙酮	0.210	丙酮	0.361
正己醛	0.392	正己醛	0.076	1,2-二氯苯	0.117	MMA	0.278
1,2-二氯苯	0.336	异戊二烯	0.050	丙醛	0.054	异戊二烯	0.120
2-丁酮	0.296	2-丁酮	0.037	2-丁酮	0.045	1,3-二乙基苯	0.063
异丁烷	0.182	醋酸丁酯	0.026	醋酸丁酯	0.045	异丙基苯	0.060
醋酸丁酯	0.179	丙醛	0.025	MVK	0.034	正己醛	0.059
正丁烷	0.165	1,1,2,2-四氯甲烷	0.023	α-蒎烯	0.032	2-丁酮	0.053
丙醛	0.145	n-戊醛	0.015	丙烯醛	0.026	醋酸丁酯	0.028
1-己烯	0.116	丙烯醛	0.014	乙酸甲酯	0.020	甲苯	0.021
正壬烷	0.106	1-己烯	0.013	顺-1,2-二氯乙烯	0.016	1,3,5-三甲基苯	0.017
丙烯醛	0.100	乙烯	0.011	MACR	0.015	二氯甲烷	0.013
异丙基苯	0.087	异丙基苯	0.010	正十一烷	0.014	1,1,2,2-四氯甲烷	0.010
乙烯	0.077	正壬烷	0.010	1-己烯	0.013	乙腈	0.009
其他	0.647	其他	0.089	其他	0.129	其他	0.125
总VOCs	6.647	总VOCs	2.225	总VOCs	1.334	总VOCs	17.215

续表

胡枝子		白蜡		五角枫		大花溲疏	
VOCs种类	排放速率	VOCs种类	排放速率	VOCs种类	排放速率	VOCs种类	排放速率
醋酸丁酯	1.898	丙酮	1.474	异戊二烯	0.423	异戊二烯	20.558
正己醛	1.523	MMA	0.687	MMA	0.340	丙酮	3.298
甲基丙烯酸甲酯	1.518	2-丁酮	0.311	丙酮	0.276	MMA	1.291
丙酮	1.267	甲基环己烷	0.251	1,2-二氯苯	0.133	1,2-二氯苯	0.593
乙酸甲酯	1.107	正己醛	0.210	醋酸丁酯	0.127	α-蒎烯	0.523
丙醛	0.395	丙醛	0.201	正己醛	0.094	正己醛	0.481
异戊二烯	0.288	1,2-二氯苯	0.173	丙醛	0.068	MVK	0.470
2-丁酮	0.254	异戊二烯	0.156	2-丁酮	0.031	甲基环己烷	0.348
2,3-二甲基丁烷	0.235	α-蒎烯	0.125	MACR	0.018	2-丁酮	0.340
正庚烷	0.174	辛烷	0.110	丙烯醛	0.017	丙醛	0.307
3-戊酮	0.151	正庚烷	0.106	氯甲烷	0.011	MACR	0.301
顺-1,2-二氯乙烯	0.144	丙烯醛	0.103	顺-1,2-二氯乙烯	0.010	辛烷	0.171
正壬烷	0.144	异丙烷	0.090	异丙基苯	0.007	醋酸丁酯	0.161
丙烯醛	0.139	醋酸丁酯	0.089	1-己烯	0.006	丙烯醛	0.150
2-甲基戊烷	0.116	正壬烷	0.083	乙烷	0.004	正庚烷	0.135
其他	1.280	其他	0.962	其他	0.013	其他	1.750
总VOCs	10.631	总VOCs	5.133	总VOCs	1.577	总VOCs	30.877

就总VOCs而言，有11种树的总VOCs排放速率高于10μgC/（gdw·h）；有13种树的排放速率集中程度较高，这些树种排放速率最高的15种物种的总排放速率占总VOCs排放速率的95%以上。黄栌的排放速率最高，为156.8μgC/（gdw·h）；槲栎、油松、旱柳、绦柳的排放速率次之，分别为43.2、41.4、34.0、31.9μgC/（gdw·h）。排放速率高于10μgC/（gdw·h）的树种还包括大花溲疏、白桦、圆柏、核桃楸、平榛和胡枝子。可以看出，在所研究的树种中，排放速率较高的植被类型涉及落

叶阔叶乔木、小乔木、常绿针叶乔木与灌木，小乔木与藤本的总VOCs排放速率相对较低。

就具体VOCs成分而言，各树种排放的主要成分包括异戊二烯、α-蒎烯、丙酮、MMA等；部分树种异戊二烯与α-蒎烯的排放速率高达数十至上百$\mu gC/$（gdw·h）。槲栎、绦柳和旱柳等落叶阔叶乔木的异戊二烯排放速率较高，分别为40.790、28.624和27.083$\mu gC/$（gdw·h），分别占总VOCs排放速率的94.5%、89.6%和79.7%。在所研究的灌木中，大花溲疏排放速率最高的物种为异戊二烯，其排放速率为20.558$\mu gC/$（gdw·h），仅次于以上三种落叶阔叶乔木，该树种异戊二烯排放速率占总VOCs的66.6%。对于其他灌木与藤本，异戊二烯是平榛排放的主要VOCs物种之一，但排放速率相对较低，为1.722$\mu gC/$（gdw·h）；金钟花、胡枝子、锦带花的异戊二烯排放速率均低于0.3$\mu gC/$（gdw·h）；大叶黄杨和五叶地锦不排放异戊二烯。

油松、圆柏、白扦等常绿针叶乔木的异戊二烯排放速率很低，均低于0.1$\mu gC/$（gdw·h）；α-蒎烯是这三种常绿针叶树种排放的最主要物种，但排放速率差异较大。油松的α-蒎烯排放速率为41.020$\mu gC/$（gdw·h），占总VOCs排放速率的99%以上；圆柏的α-蒎烯排放速率为18.642$\mu gC/$（gdw·h），占总VOCs排放速率的85.6%；白扦的α-蒎烯排放速率相对较低，仅为1.127$\mu gC/$（gdw·h）。除常绿针叶树，黄栌、白桦、核桃楸三种落叶阔叶树也以排放α-蒎烯为主。其中，黄栌的α-蒎烯排放速率在本研究的所有树种中是最高的，达154.265$\mu gC/$（gdw·h），占总VOCs排放速率的98.4%；白桦和核桃楸的α-蒎烯排放速率分别为20.417和15.2$\mu gC/$（gdw·h），分别占总VOCs排放速率的69.2%和88.3%。灌木和藤本的α-蒎烯排放速率很低或不排放α-蒎烯。大花溲疏、锦带花、平榛和金钟花的α-蒎烯排放速率均低于0.6$\mu gC/$（gdw·h）；胡枝子、大叶黄杨和五叶地锦不排放α-蒎烯。

除大花溲疏以外的灌木、五叶地锦（藤本）和紫丁香（小乔木）的BVOCs排放速率普遍较低。平榛和锦带花以排放丙酮为主，排放速率分别为3.059和1.841$\mu gC/$（gdw·h）；五叶地锦和金钟花以排放MMA为主，排放速率分别为1.851和0.861$\mu gC/$（gdw·h）；紫丁香和大叶黄杨以排放1,2-二氯苯为主，排放速率分别为3.705和0.209$\mu gC/$（gdw·h）；胡枝子排放的最主要物种为醋酸丁酯，排放速率为1.898$\mu gC/$（gdw·h）。此外，虽然丙酮不是白桦和大花溲疏排放速率最高的物种，但这两种树的丙酮排放速率在所有树种中是最高的，分别为4.032和3.298$\mu gC/$（gdw·h）。除部分灌木以外，1,2-二氯苯也是旱柳、圆柏和绦柳等乔木排放的主要物种之一，这三种树的1,2-二氯苯排放速率分别为2.820、2.395和1.429μgC/（gdw·h）。综上所述，在北京地区测量的24种树中，黄栌的总VOCs排放速率远高于其他树种，近160μgC/（gdw·h）；槲栎、油松、旱柳、绦柳和大花溲疏的总VOCs排放速率相对较高，范围为30-44μgC/（gdw·h）。槲栎、绦柳、旱柳等落叶阔叶乔木和大花溲疏（灌木）的异戊二烯排放速率较高，分别为40.790、28.624、27.083和20.558μgC/（gdw·h），分别占总VOCs排放速率的94.5%、89.6%、79.7%和66.6%。常绿针叶乔木、除大花溲疏以外的灌木以及藤本的异戊二烯排放速率相对较低，其中，大叶黄杨和五叶地锦不排放异戊二烯。油松、圆柏、白扦等常绿针叶树种以排放α-蒎烯为主，但排放速率差异较大，分别为41.020、18.642和1.127μgC/（gdw·h），分别占总VOCs排放速率的99.1%、85.6%和50.7%。除针叶树以外，黄栌、白桦、核桃楸等3种落叶阔叶树也以排放α-蒎烯为主，排放速率分别为154.265、20.417和15.2μgC/（gdw·h），分别占总VOCs排放速率的98.4%、69.2%和88.3%。除萜烯以外，丙酮、MMA、1,2-二氯苯等含氧VOCs和卤代烃也是部分树种排放速率相对较高的主要物种。白桦、大花溲疏和平榛的丙酮排放速率在所有树种中最高，均高于3μgC/（gdw·h）。大部分灌木和藤本以排放丙酮、MMA或1,2-二氯苯为主，但整体而言，这些含氧VOCs和卤代烃物种的排放速率均低于萜烯类物种。

5.2.2   园林植物消减细颗粒浓度能力评价

二次有机气溶胶SOA是天然源或人为源排放的挥发性有机物或半挥发性有机物经氧化和气粒分配等过程而生成的悬浮于大气中的固体或液体微粒，是城市大气细粒子的重要组成部分，且SOA平均占$PM_{2.5}$有机组分质量的20%～50%。通常情况，VOCs中含碳数大于6的烷烃、烯烃、芳香烃和羰基化合物等可以形成SOA。

针对园林绿地对城市大气环境中发挥的双重作用，既要综合分析城市园林植物对细颗粒物的吸附能力，又要定量分析其所释放的VOCs，作为重要的前体物，其对SOA形成的贡献，综合计算的结果有助于绿化树种的合理选择。本书充分考虑园林植物的双重作用，分析评价北京市园林绿化中常用的不同植物材料消减细颗粒物的能力。筛选出治理效果好的植物种类，为建立科学有效的$PM_{2.5}$治理方法，改善首都生态环境提供必要的技术支撑和示范。

1. SOA 计算方法—气溶胶生成系数法

由于VOCs 生成SOA 的具体反应过程非常复杂，本书不考虑具体的反应过程，根据北京市夏季气溶胶变化特征，使用国内外研究中应用较多的气溶胶生成系数法，根据实测的VOCs浓度，使用参数化的方法计算SOA 的生成量。

FAC是SOA生成潜势的一种表达方式，对于可以生成SOA的VOCs组分i，所生成的SOA用如下公式进行计算：

$$SOA = VOCs \times FACi$$

VOCs 的初始浓度乘以相应的FAC系数就可以得到生成的SOA量。Grosjean在研究中认为VOCs生成SOA的生成系数FAC是固定的，本书使用的FAC 值是Grosjean 等在大量烟雾箱实验数据和大气化学动力学数据的基础上提出的。

该方法的优点是计算简单，能从VOCs 的排放清单或实测的环境浓度直接估算出SOA 的量，并可以反映各SOA前体物的贡献。根据Grosjean的假设：SOA的生成只在白天（08：00~17：00）发生，因此在计算不同植物一周SOA生成量时，只考虑9h/d的VOC释放浓度。

2. 单位叶面积植物消减颗粒物量（$NLW_{2.5S}$）计算方法

$$NLW_{2.5S}=LW_{2.5S}-SOA_{2.5S}$$

$NLW_{2.5S}$为植物单位叶面积真正消减PM$_{2.5}$的质量，$LW_{2.5S}$为植物单位叶面积滞留PM$_{2.5}$的质量，$SOA_{2.5S}$为植物单位叶面积生成二次有机气溶胶的质量。

3. 结果分析

（1）植物夏季SOA生成浓度估算

参考北京市夏季植物二次有机气溶胶SOA生成潜势估算值FAC，有31种VOC会生成二次有机气溶胶（见表5-3），其中α-蒎烯、β-蒎烯生成潜势最高，达到30%。根据研究测定的不同植物释放VOC种类的不同，计算24种植物单位叶面积生成SOA量（见图5-2）。由于油松、黄栌、圆柏等3种植物释放α-蒎烯的量较高，所以植物释放VOC对SOA的贡献较高，大于0.1g/m²/周。白桦、核桃楸、七叶树、白扦、紫丁香、槲栎、绦柳、旱柳等8种植物释放的VOC中也因含有一定量的α-蒎烯，对SOA的贡献大于0.001g/m²/周。其他13种植物释放的VOC中，除樱花外，其余均不释放α-蒎烯，对SOA的贡献均较小。

北京市夏季 SOA 生成潜势估算   表 5-3

VOC 物种		FAC（%）
烷烃	非SOA 前体物	0
	甲基环戊烷	0.17
	环己烷	0.17
	正庚烷	0.06
	甲基环己烷	2.7
	2-甲基庚烷	0.5
	3-甲基庚烷	0.5
	正辛烷	0.06
	正癸烷	2
	正十一烷	2.5
烯烃	非SOA前体物	0
	异戊二烯	2
	α-蒎烯	30
	β-蒎烯	30
芳香烃	苯	2
	甲苯	5.4
	乙苯	5.4
	间/对二甲苯	4.7
	邻二甲苯	5
	异丙基苯	4
	正丙基苯	1.6
	间乙基甲苯	6.3
	对乙基甲苯	2.5
	邻乙基甲苯	5.6
	1,3,5-三甲苯	2.9
	1,2,4-三甲苯	2
	1,2,3-三甲苯	3.6
	1,3-二乙基苯	6.3
	1,4-二乙基苯	6.3
	1,2-二乙基苯	6.3
羰基化合物	非SOA前体物	0
	辛醛	0.24
	壬醛	0.24
	癸醛	0.24

参考吕子峰（2009）。

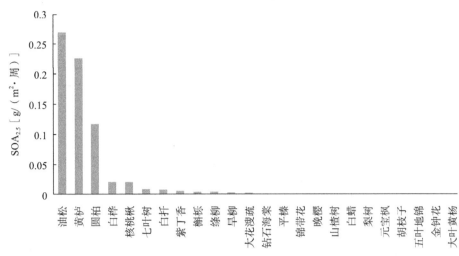

图5-2　北京市不同植物夏季SOA生成浓度估算

（2）植物对PM$_{2.5}$的消减量

根据单位叶面积植物消减颗粒物量计算方法，对比分析了北京市13种乔灌木在夏季时对PM$_{2.5}$的消减能力。锦带花与元宝枫两种植物单位叶面积对PM$_{2.5}$的消减能力最强，大于0.600g/（m²·周）。紫丁香、大叶黄杨、胡枝子、晚樱、金钟花、钻石海棠、七叶树、旱柳等8种植物对PM$_{2.5}$也具有一定的消减作用，消减能力大于0.100g/（m²·周）。圆柏、白蜡、绦柳等3种植物对PM$_{2.5}$也具有一定消减作用。黄栌与油松由于释放VOC物质对SOA贡献较大，因此这两种植物会增加空气PM$_{2.5}$浓度（表5-4）。

北京市城、郊两地不同植物 SOA 的生成量及对 PM$_{2.5}$ 的消减量　表 5-4

植物种类	SOA排放速率［μgC/（gdw·h）］	叶面积（cm²/gdw）	SOA$_{2.5}$［g/（m²·周）］	LW$_{2.5}$［g/（m²·周）］	NLW$_{2.5}$［g/（m²·周）］
锦带花	0.099	122.474	0.001	0.615	0.614
元宝枫	0.009	200.814	0	0.606	0.606
紫丁香	1.011	119.197	0.005	0.409	0.403
大叶黄杨	0	106.844	0	0.388	0.388
胡枝子	0.006	198.863	0	0.301	0.301
晚樱	0.115	164.638	0	0.242	0.242
金钟花	0.004	199.837	0	0.193	0.193

续表

植物种类	SOA排放速率 [μgC/(gdw·h)]	叶面积 (cm²/gdw)	$SOA_{2.5}$ [g/(m²·周)]	$LW_{2.5}$ [g/(m²·周)]	$NLW_{2.5}$ [g/(m²·周)]
钻石海棠	0.317	151.767	0.001	0.129	0.128
七叶树	1.548	123.062	0.008	0.128	0.12
旱柳	0.722	144.35	0.003	0.119	0.116
圆柏	5.602	30.05	0.117	0.173	0.056
白蜡	0.048	153.046	0	0.03	0.03
绦柳	0.588	112.311	0.003	0.017	0.013
黄栌	46.298	128.926	0.226	0.133	-0.093
油松	12.311	28.892	0.268	0.051	-0.217
五叶地锦	0.003	174.818	0	—	—
山楂树	0.035	90.333	0	—	—
平榛	0.235	167.418	0.001	—	—
梨树	0.015	138.05	0	—	—
槲栎	0.881	115.833	0.005	—	—
核桃楸	4.57	143.67	0.02	—	—
大花溲疏	0.578	215.614	0.002	—	—
白扦	0.34	27.683	0.008	—	—
白桦	6.158	190.357	0.02	—	—

5.3 结论

（1）不同树种排放的VOCs类别组成差异较大，绦柳、油松、黄栌、七叶树、槲栎和核桃楸等6种树主要排放烯烃，金钟花、晚樱、山楂树、锦带花、平榛、五叶地锦、白扦、梨树、胡枝子、白蜡和五角枫等11种树主要排放含氧VOCs，旱柳、紫丁香等2种树主要排放卤代烃。

（2）钻石海棠主要排放卤代烃与含氧VOCs，大叶黄杨主要排放烷烃与卤代烃，圆柏主要排放卤代烃与烯烃，白桦与大花溲疏主要排放烯烃与含氧VOCs。

（3）不同树种排放的VOCs浓度差异较大，油松的排放浓度最高，黄栌次之，其次依序为圆柏、旱柳、槲栎、绦柳、紫丁香、白桦、七叶树、核桃楸、平榛、白扦、胡枝子。排放浓度较高的树种多为落叶阔叶乔木、小乔木与常绿针叶乔木，灌木与藤本的排放水平相对较低。绦柳、旱柳、槲栎等落叶阔叶乔木排放的异戊二烯浓度较高，油松、圆柏、白扦主要排放α-蒎烯，但排放速率差异较大。

（4）黄栌的排放速率最高，槲栎、油松、旱柳、绦柳的排放速率次之。排放速率较高的植被类型涉及落叶阔叶乔木、小乔木、常绿针叶乔木与灌木，小乔木与藤本的总VOCs排放速率相对较低。

（5）不同树种排放的VOCs类别组成差异较大，且每种物质生成SOA潜势各不相同。对比北京市城区及郊区24种植物生成SOA量，得出油松、黄栌、圆柏等3种植物由于释放α-蒎烯的量较高，植物对生成SOA的贡献较高。白桦、核桃楸、七叶树、白扦、紫丁香、槲栎、绦柳、旱柳等8种植物对SOA也具有一定的贡献。其他13种植物对SOA的贡献均较小。

（6）锦带花与元宝枫两种植物单位叶面积对PM$_{2.5}$的消减能力最强。紫丁香、大叶黄杨、胡枝子、晚樱、金钟花、钻石海棠、七叶树、旱柳等8种植物对PM$_{2.5}$消减作用其次。黄栌与油松二种植物对PM$_{2.5}$没有消减作用，反而增加空气中PM$_{2.5}$浓度。

第 6 章

不同绿地类型内典型植物
配置群落对消减大气中
PM$_{2.5}$ 浓度的影响

　　本章研究城市绿地大气中$PM_{2.5}$浓度的变化规律，评价园林绿地对消减$PM_{2.5}$浓度的作用。并对城区绿地中的道路绿地与公园绿地中大气$PM_{2.5}$浓度的变化规律进行分析，评价不同植物群落对消减大气中$PM_{2.5}$浓度的作用，筛选消减$PM_{2.5}$的最佳种植模式，并针对不同污染天气条件下$PM_{2.5}$浓度在公园内、室内及道路开敞空间的变化进行了对比分析，以及这种变化与其他因素之间的关系，以期为今后研究公园、公共建筑室内及道路旁细颗粒物的污染控制提供依据，并科学指导城市公园建设，帮助居民合理开展户外游憩活动。

6.1　公园绿地内不同类型绿地对空气 $PM_{2.5}$ 浓度作用研究

6.1.1　研究区概况

　　选择4家城市公园，包括天坛公园、中山公园、紫竹院公园、北小河公园进行监测（见图6-1），各公园内选择形成时间较长、生态系统相对稳定的典型绿地群落作为研究对象。筛选包括乔灌草、乔草、纯林、草坪等城市典型配置结构的绿地，并在各自公园外部入口广场处选取对照点一个（见图6-2～图6-9）。各绿地植物群落配置见表6-1。

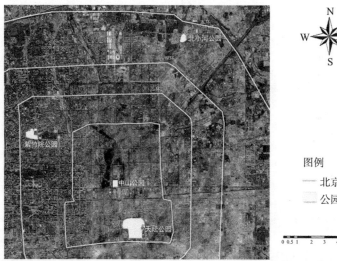

图例
—— 北京环路
▢ 公园监测点

图6-1　研究区位置

群落结构特征　　　　　　　　　　　　　　　　　表 6-1

监测点	绿地	群落名称 （优势种命名）	斑块面积 （m²）	乔木层 郁闭度	草坪盖度	乔木层 高度（m）
北小河 公园	乔草型	旱柳-早熟禾 +车前草	6250	0.81 ± 0.07	0.65 ± 0.05	11.00 ± 2.00
	乔灌 草型	黄栌-红瑞木-早 熟禾+车前草	2000	0.31 ± 0.03	0.80 ± 0.01	6.00 ± 1.00
	草坪	野牛草+早熟禾 +狗尾草	283	—	0.95 ± 0.05	—
	纯林	油松	3342	0.97 ± 0.06	—	7.00 ± 1.00
紫竹院 公园	乔草型	白皮松+雪松 -早熟禾	4482	0.47 ± 0.08	0.95 ± 0.03	12.00 ± 1.50
	竹林	菲白竹-早熟禾	1636	0.77 ± 0.12	0.95 ± 0.03	4.00 ± 0.50
	乔灌 草型	元宝枫+油松-小 叶黄杨+早熟禾	830	0.91 ± 0.05	0.80 ± 0.11	12.00 ± 2.00
天坛 公园	草坪	黑麦	2800	—	1.00	—
	纯林	古侧柏	6040	0.87 ± 0.11	—	11.50 ± 1.00
	乔草型	古侧柏—黑麦 +玉簪	9534	0.87 ± 0.13	0.95 ± 0.03	15.00 ± 2.50
	乔灌 草型	雪松-月季-黑麦	755	0.36 ± 0.08	0.80 ± 0.11	14.50 ± 2.00
中山 公园	乔草型	侧柏+七叶树 -黑麦	452	0.83 ± 0.09	0.90 ± 0.08	11.00 ± 2.00
	乔灌 草型	侧柏+圆柏—紫薇 +锦带-黑麦	1645	0.61 ± 0.12	0.60 ± 0.15	11.00 ± 2.00
	纯林	古侧柏	881	0.88 ± 0.09	—	10.00 ± 1.00

　　同时，分别对天坛、中山和北小河公园附近的道路旁（相对应的分别是天坛东路、中山公园南门外和利泽西街），附近商业区（相对应的分别是天乐市场、无和高尔夫会所室内）进行空气 PM₂.₅ 浓度监测并作差异对比分析，同时建立空气 PM₂.₅ 浓度监测数据库，进而评价城市公园对降低大气 PM₂.₅ 浓度的作用。

6.1.2 研究方法

1. 指标的选取

（1）PM$_{2.5}$颗粒污染物浓度的测定：采用PDR-1500颗粒物监测仪，分辨率为0.1μg/m^3。采样高度为距离地表1.5m，与成人呼吸高度基本一致。

（2）大气温湿、风速（包括最大风速、平均风速）：用kestrel-4500袖珍式气候测量仪。

（3）乔木层郁闭度：用LAI-2200C冠层分析仪进行测量。

（4）草坪盖度：利用样方法进行目测估算。

（5）斑块面积：形状规则的用皮尺进行测量，形状不规则的用UG801移动手持GPS进行面采集。

（6）乔木层高度：利用手持测高仪TRUPULSE200进行测量。

2. 指标的测定

（1）月变化和季节性变化

春季（3、4、5月）、夏季（6、7、8月）、秋季（9、10、11月）、冬季（12月、次年1月和2月），每月上、中、下旬各选取一天，对选定公园内及公园附近的道路旁、附近商场内进行PM$_{2.5}$浓度的监测。

（2）日变化

选择晴天、微风（风力<3级）、无或轻度污染天气，每天监测时段为7：00～19：00，每隔2h监测一次，每次监测10min，每10s读取一组数据。同时记录空气温度、空气湿度、风速。采样高度为距离地表1.5m，与成人呼吸高度基本一致。

对公园内与建筑室内及道路旁的PM$_{2.5}$浓度日平均值变化进行差异对比分析时，采用降低率（D）表示，$D_{道路}=（C_{道路}-C_{公园内}）/C_{道路}$，$D_{室内}=（C_{室内}-C_{公园内}）/C_{室内}$。其中：$C$为PM$_{2.5}$浓度，单位：μg/m^3。

3. 数据处理

（1）指标的计算

公园绿地对PM$_{2.5}$消减百分率的计算公式如式6-1所示：

$$P = \frac{C_s - C_m}{C_s} \times 100\%$$

（式6-1）

式中，C_s是对照点处PM$_{2.5}$的浓度，C_m是不同类型的绿地PM$_{2.5}$的浓度。

（2）数据处理

采用Excel2007进行数据整理与图表制作，利用SPSS17.0进行方差及偏相关关系分析。

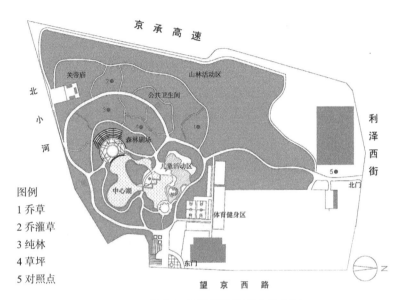

图6-2 北小河公园绿地监测点分布图

1号 监测点现状照片

2号 监测点现状照片

3号 监测点现状照片

4号 监测点现状照片

5号 监测点现状照片

图6-3 北小河公园绿地监测点现状照片

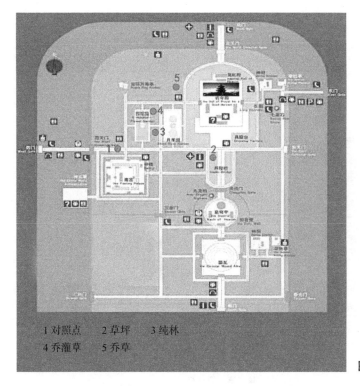

1 对照点　　2 草坪　　3 纯林
4 乔灌草　　5 乔草

图6-4　天坛公园绿地监测点分布图

1号 监测点现状照片　　　　2号 监测点现状照片　　　　3号 监测点现状照片

4号 监测点现状照片　　　　5号 监测点现状照片

图6-5　天坛公园绿地监测点现状照片

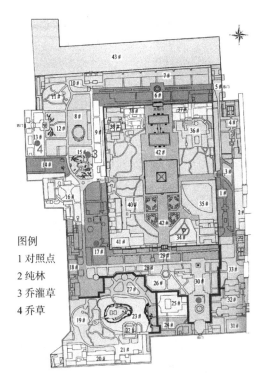

图6-6　中山公园绿地监测点分布图

图例
1 对照点
2 纯林
3 乔灌草
4 乔草

1号 监测点现状照片

2号 监测点现状照片

3号 监测点现状照片

4号 监测点现状照片

5号 监测点现状照片

图6-7　中山公园绿地监测点现状照片

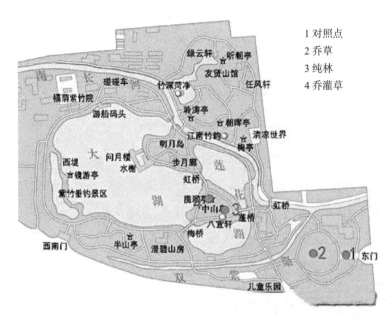

1 对照点
2 乔草
3 纯林
4 乔灌草

图6-8　紫竹院公园绿地监测点分布图

1号 监测点现状照片

3号 监测点现状照片

2号 监测点现状照片

图6-9　紫竹院公园绿地监测点现状照片

6.1.3　结果分析

1. 公园内不同类型绿地对空气 PM$_{2.5}$ 浓度作用研究

（1）PM$_{2.5}$ 浓度日变化规律

由图6-10可以看出，紫竹院公园不同类型绿地内PM$_{2.5}$浓度年均日变化规律基本一致，早上7：00绿地内空气PM$_{2.5}$浓度平均值达到最高值126.11μg/m^3，自7：00开始浓度一直下降，到13：00左右达到一天中的最低值100.44μg/m^3，之后直到19：00浓度呈持续上升状态，到19：00浓度达到122.42μg/m^3。

由图6-11可以发现中山公园绿地内空气PM$_{2.5}$浓度年均日变化为105.31~126.49μg/m^3，早上7：00浓度最高，自7：00开始浓度一直下降，到13：00~15：00达到最低值，之后持续上升，到19：00浓度达到120.88μg/m^3。

由图6-12可以看出，北小河公园绿地内空气PM$_{2.5}$浓度年均日变化为95.06~130.74μg/m^3，比其他3个公园日变化幅度大，早上7：00绿地内空气PM$_{2.5}$浓度平均值达到最高值130.74μg/m^3，自7：00开始浓度一直下降，到15：00左右达到一天中的最低值95.06μg/m^3，之后直到19：00浓度呈持续上升状态，到19：00浓度达到118.08μg/m^3。

图6-13为天坛公园不同类型绿地内PM$_{2.5}$浓度年均日变化规律，早上7：00绿地内空气PM$_{2.5}$浓度平均值达到最高值121.04μg/m^3，自7：00开始浓度一直下降，到15：00左右达到一天中的最低值96.39μg/m^3，之后直到19：00浓度呈持续上升状态，到19：00浓度达到114.20μg/m^3。

由图6-11~图6-13可以看出，4家公园内PM$_{2.5}$浓度日变化曲线趋势基本一致，呈现"双峰单谷"型，即早晚高，白天低。每个公园不同类型的绿地及裸

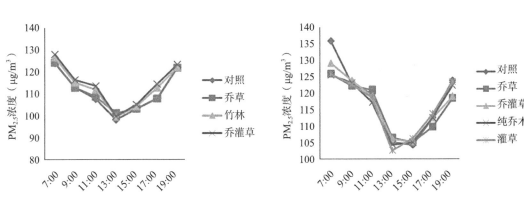

图6-10　紫竹院公园PM$_{2.5}$浓度日变化规律　　　图6-11　中山公园PM$_{2.5}$浓度日变化规律

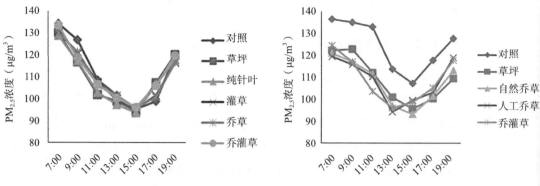

图6-12　北小河公园PM$_{2.5}$浓度日变化规律　　　图6-13　天坛公园PM$_{2.5}$浓度日变化规律

地对照点早上7：00PM$_{2.5}$浓度达到最高值，自7：00开始，浓度一直下降，到13：00~15：00左右达到最低值，之后直到19：00浓度呈持续上升状态，但是仍然低于早上7：00PM$_{2.5}$的浓度。导致这种日变化规律的主要原因可能是早上7：00左右气温低，空气湿度相对较大，再加上风速小，这种低温、高湿和相对静风的气象状态不利于空气PM$_{2.5}$颗粒物的扩散，使其颗粒物浓度聚集增多，浓度增加，所以早上7：00PM$_{2.5}$浓度比较高。随着温度的升高，再加上湿度的降低，空气对流加强，空气湍流运动易于PM$_{2.5}$颗粒物的扩散和运输，空气PM$_{2.5}$浓度降低，特别是下午1：00~3：00使其达到最低值。从图中可以看出，即使是一天中的最低值也超过了国家PM$_{2.5}$空气质量二级标准75μg/m³（《环境空气质量标准》GB 3095—2012）。

（2）PM$_{2.5}$浓度月变化规律

由于受污染排放和气象条件等多种因素的影响，不同月份之间空气PM$_{2.5}$浓度存在着明显的差异，但是4家公园的绿地空气PM$_{2.5}$浓度月变化趋势基本上一致（图6-14~图6-17），1月、2月、4月、6月、7月、9月、10月和11月4家公园的绿地空气PM$_{2.5}$污染较为严重，超过了国家PM$_{2.5}$空气质量二级标准75μg/m³，其中2月份月平均空气PM$_{2.5}$浓度最高，均达到300~350μg/m³，超过了国家PM$_{2.5}$空气质量二级标准4倍以上，由于2月份正是春节前后，燃放大量的烟花爆竹使得PM$_{2.5}$浓度明显升高，达到一年中的最高值。5月和8月份浓度最低，均在50μg/m³左右。而夏季中的6、7月份PM$_{2.5}$浓度明显高于8月份，可能是由于6、7月份游玩的人比较多，且8月份降水量大于7月份，使得8月份PM$_{2.5}$浓度达到了最低值。

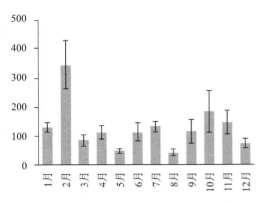

图6-14 紫竹院公园PM_{2.5}浓度月变化规律

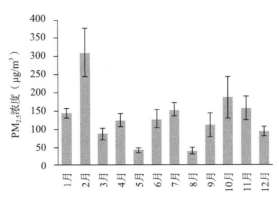

图6-15 中山公园PM_{2.5}浓度月变化规律

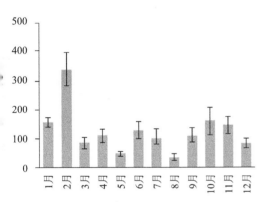

图6-16 北小河公园PM_{2.5}浓度月变化规律

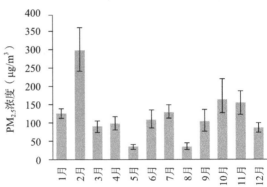

图6-17 天坛公园PM_{2.5}浓度月变化规律

（3）PM$_{2.5}$浓度季度变化规律

相对于总悬浮颗粒物TSP和可吸入颗粒物PM$_{10}$而言，PM$_{2.5}$受人为影响较大，尤其是机动车排放和煤炭燃烧，而春季的沙尘天气对粗颗粒物的贡献最大。北京市公园绿地空气PM$_{2.5}$浓度具有明显的季节变化，由图6-18~图6-21可以看出，4家公园PM$_{2.5}$浓度季节平均值按大小顺序排列是：冬季＞秋季＞夏季＞春季。

冬季的绿地空气PM$_{2.5}$浓度明显高于春、夏、秋三季，平均浓度达到170μg/m^{3}以上，超过了国家PM$_{2.5}$空气质量二级标准2倍以上。

夏季PM$_{2.5}$浓度低于秋季和冬季。春季4家公园内绿地空气PM$_{2.5}$的平均浓度均为80μg/m^{3}左右，为四季中最低浓度，但也超过了国家PM$_{2.5}$空气质量二级标准。秋季PM$_{2.5}$浓度比冬季低，比春季和夏季高。

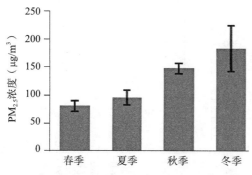

图6-18　紫竹院公园PM$_{2.5}$浓度季度变化规律

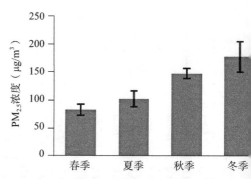

图6-19　中山公园PM$_{2.5}$浓度季度变化规律

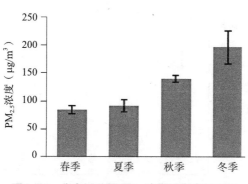

图6-20　北小河公园PM$_{2.5}$浓度季度变化规律

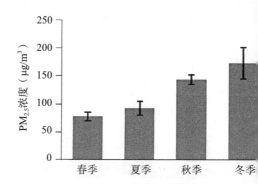

图6-21　天坛公园PM$_{2.5}$浓度季度变化规律

　　进一步分析了PM$_{2.5}$浓度在季节之间的变化是否存在差异显著，分别对4家公园的绿地空气PM$_{2.5}$浓度在不同季节的变化情况分别进行方差分析，得出4家公园的相伴概率P值均小于0.01，也就是说各个公园PM$_{2.5}$浓度在不同季节存在显著差异。用LSD方法（$\alpha=0.01$水平）分别对4家公园进行多重比较（表6-2~表6-5）。

天坛公园季节多重比较（µg/m^3）			表6-2
季节	平均值	Xi-77.28	Xi-92.42	Xi-143.95
冬季	171.95	94.67**	79.53**	28.00**
秋季	143.95	66.67**	51.53**	
夏季	92.42	15.14**		
春季	77.28			

注：** $P < 0.01$。

中山公园季节多重比较（μg/m³）　　　　表 6-3

季节	平均值	Xi-84.33	Xi-104.25	Xi-150.35
冬季	181.12	96.79**	76.87**	30.77**
秋季	150.35	66.02**	46.10**	
夏季	104.25	19.92**		
春季	84.33			

注：**$P < 0.01$。

紫竹院公园季节多重比较（μg/m³）　　　　表 6-4

季节	平均值	Xi-82.24	Xi-97.03	Xi-148.89
冬季	184.97	102.73**	87.94**	36.08**
秋季	148.89	66.65**	51.86**	
夏季	97.03	14.79**		
春季	82.24			

注：**$P < 0.01$。

北小河公园季节多重比较（μg/m³）　　　　表 6-5

季节	平均值	Xi-82.73	Xi-89.88	Xi-137.14
冬季	191.92	109.19**	102.04**	54.78**
秋季	137.14	54.41**	47.26**	
夏季	89.88	7.15**		
春季	82.73			

注：**$P < 0.01$。

结果表明，PM$_{2.5}$浓度在冬季最高，春季最低。冬季PM$_{2.5}$浓度极显著高于秋季、夏季和春季；秋季极显著高于夏季和春季；夏季极显著高于春季。

2. 公园绿地植物配置对大气 PM$_{2.5}$ 浓度的消减作用及影响因子

（1）不同植物群落结构类型对大气PM$_{2.5}$浓度的消减影响

图6-22是天坛公园、中山公园、紫竹院公园、北小河公园各类型绿地全年PM$_{2.5}$平均消减率对比。由图6-22可见，天坛公园总体消减PM$_{2.5}$效果较好，消减率整体可以达到18.21%，北小河公园消减率为6.79%，紫竹院公园、中山公园的总体消减效果较低，分别为3.45%，2.01%。各公园监测绿地中不同配置模式绿地对细颗粒物的消减效果略有差异，但差异都不显著（$P>0.05$）。

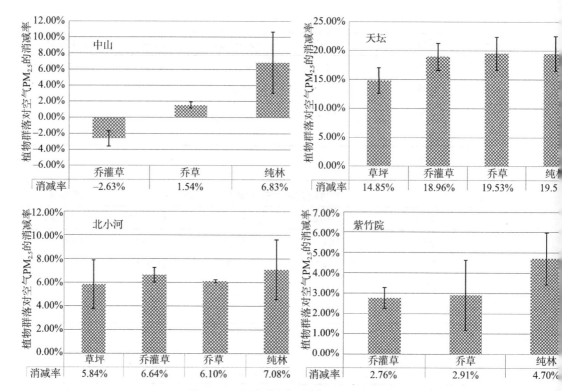

图6-22　公园绿地监测点PM$_{2.5}$消减率分析

天坛公园的古柏林群落及古柏林+草坪群落配置绿地的削减效果最佳，全年消减PM$_{2.5}$可以达到20%，其次是乔灌草群落，也可以达到18.96%，草坪绿地消减PM$_{2.5}$率可以达到14.85%，天坛公园绿地整体消减PM$_{2.5}$能力最佳；中山公园的古柏林对PM$_{2.5}$的削减效果也最佳，可以达到6.83%，其次是乔草群落仅为1.54%，乔灌草群落高于对照点；紫竹院公园竹林的削减效果最佳，可以达到4.70%，其次是乔草群落与乔灌草群落，分别为2.91%与2.76%；北小河公园中针叶纯林的配置绿地削减效果最大，可以达到7.08%，其次为乔灌草群落，可以达到6.64%，乔草群落对PM$_{2.5}$消减率为6.10%，草坪消减PM$_{2.5}$率最低为5.84%。

总体分析来看，在4家公园中，纯林绿地或乔草配置型绿地消减PM$_{2.5}$率最佳，纯草坪绿地消减PM$_{2.5}$率最低。

（2）群落结构各表征因子对大气PM$_{2.5}$消减率的影响

选取反映4家公园14块绿地群落结构的指标，包括斑块面积、乔木层郁闭度、乔木层高度、草坪盖度四项指标，利用偏相关关系的分析方法，分析各项结构因子对群落发挥消减PM$_{2.5}$浓度作用的影响（见表6-6）。

消减率与群落结构的偏相关关系			表 6-6	
	斑块面积	乔木层郁闭度	草坪盖度	乔木层高度
相关性	0.612	0.097	0.229	0.239
显著性	0.015*	0.721	0.394	0.373

注：*表示在0.05水平相关显著（双尾检验）。

由表6-6可以看出，绿地对PM$_{2.5}$的消减能力与斑块面积具有显著相关性，相关系数达到0.803（$P<0.05$），斑块面积越大，绿地对消减PM$_{2.5}$浓度的效果越明显（图6-23）。乔木层郁闭度、乔木层高度、草坪盖度三项结构植被对群落发挥消减PM$_{2.5}$浓度作用的影响不大，相关性不显著。

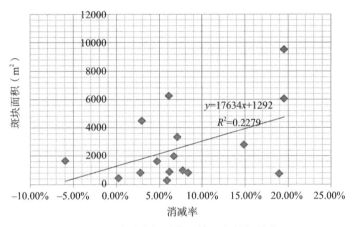

图6-23　消减率与群落斑块面积的相关关系

（3）气象因子对大气PM$_{2.5}$浓度变化的影响

对各地段观测点上的PM$_{2.5}$浓度和气象因子（温度、相对湿度、风速、气压）进行了偏相关关系分析，结果（表6-7、图6-24）表明，各测点上PM$_{2.5}$的浓度和温度、相对湿度与风速显著相关，与大气压相关性不显著。

PM$_{2.5}$ 浓度与气象因子的偏相关关系			表 6-7	
	温度	相对湿度	风速	气压
相关性	−0.186	0.549	−0.379	0.1
显著性	0.031**	0.000**	0.000**	0.249

注：**表示在0.01水平相关显著（双尾检验）。

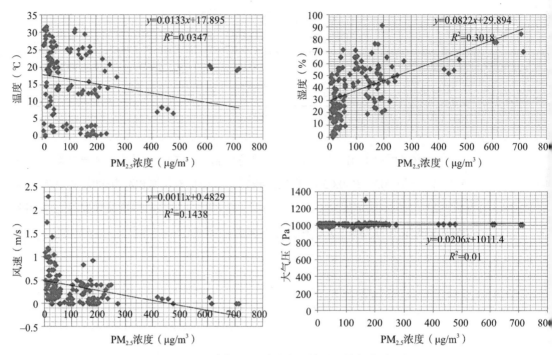

图6-24　大气PM$_{2.5}$浓度与环境因子的相关关系

　　观测点PM$_{2.5}$浓度显示与群落内的温度、相对湿度显著正相关，尤其与相对湿度极显著正相关（$P<0.01$），说明相对湿度对细颗粒物的生成影响较大，大气中相对湿度的增加能够促进细颗粒物的生成，与他人的研究结果一致。

　　观测点PM$_{2.5}$浓度和风速有极显著负相关关系，说明风速对公园绿地的群落空间内PM$_{2.5}$的扩散具有显著作用。

3. 公园与室内及道路旁空气PM$_{2.5}$浓度差异分析和影响因素研究

　　（1）公园内、外PM$_{2.5}$浓度的日变化分析

　　1）公园内、外PM$_{2.5}$浓度的日变化特征分析

　　3个公园内、建筑室内和道路旁PM$_{2.5}$浓度的日变化特征分析如图6-25所示，可以看出，3个公园内、道路旁PM$_{2.5}$浓度日变化趋势较一致，基本呈现双峰单谷型，即早晚高，白天低。早上与晚上相比，早上的PM$_{2.5}$浓度高于晚上。变化趋势是：PM$_{2.5}$浓度在早上7：00左右达到最大值后浓度开始一直下降，到下午13：00~15：00左右达到最低值，然后晚高峰PM$_{2.5}$浓度开始上升。而建筑室内的PM$_{2.5}$浓度变化的第一个波峰推迟到中午11：00左右出现，到下午15：00左右

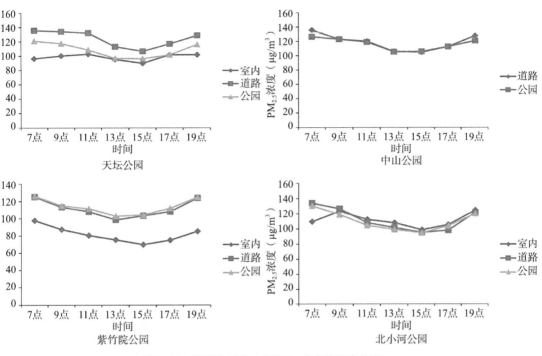

图6-25　不同公园内、外PM$_{2.5}$浓度的日变化图

达到最低值后PM$_{2.5}$浓度开始上升。11：00左右和19：00左右可能是商场或者高尔夫会所人流量的高峰期，建筑室外产生的空气污染物也会输送到室内从而增加了PM$_{2.5}$的浓度。

2）公园内、外PM$_{2.5}$浓度日平均值变化分析

a. 无污染或轻度污染天气条件下（PM$_{2.5}$≤115μg/m³）

不同公园内、外PM$_{2.5}$浓度的日平均值变化分析图如图6-26所示，当无污染或轻度污染天气条件下即PM$_{2.5}$≤115μg/m³时，天坛公园、中山公园和北小河公园PM$_{2.5}$浓度均表现出公园内低于道路旁，分别降低了22.12%，3.63%，5.68%，其中以天坛公园绿地的配置模式最佳，消减PM$_{2.5}$能力最强，中山公园最弱。此外，天坛公园和北小河公园内PM$_{2.5}$浓度也同样低于室内，降幅分别为0.19%和6.9%。说明公园在无污染或轻度污染天气条件下对PM$_{2.5}$有较明显的滞留作用，不同公园消减PM$_{2.5}$能力不同，可能与公园绿地规模、植物群落配置等因素有关。在此天气条件下，建筑室内开窗通风有利于室内空气质量的改善。

b. 中度污染天气条件下（115μg/m³<PM$_{2.5}$≤150μg/m³）

在中度污染（115μg/m³<PM$_{2.5}$≤150μg/m³）天气条件下，公园对PM$_{2.5}$也有一

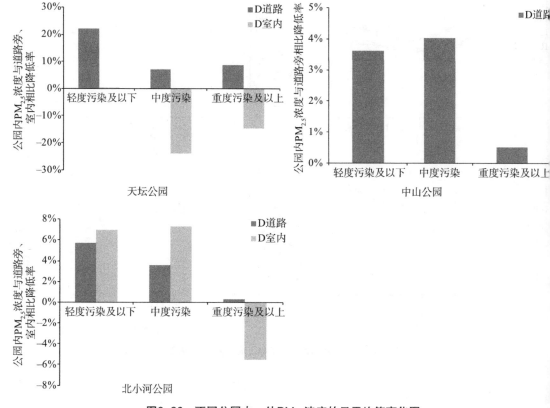

图6-26　不同公园内、外PM$_{2.5}$浓度的日平均值变化图

定的滞留作用，天坛公园、中山公园和北小河公园PM$_{2.5}$浓度同样表现出公园内低于道路旁，分别降低了7.12%，4.03%，3.59%，而天坛公园内PM$_{2.5}$浓度高于建筑室内，高出24.12%，在一定程度上说明中度污染天气条件下，不太适宜外出及开窗通风，开窗通风则会恶化室内空气质量。

c．重度污染及以上天气条件下（PM$_{2.5}$>150μg/m³）

重度污染及以上天气条件下（PM$_{2.5}$>150μg/m³），公园对PM$_{2.5}$滞留作用不十分明显，天坛公园、中山公园和北小河公园内PM$_{2.5}$浓度略低于道路旁，降幅分别为8.73%，0.5%，0.33%。此外，公园内、室内与道路旁三个不同环境PM$_{2.5}$浓度变化表现为建筑室内最低。天坛公园和北小河公园PM$_{2.5}$浓度与附近建筑室内相比分别高出14.74%和5.53%，可能是由于所选择的建筑室内观测点为大型商场和高尔夫会所，其内置中央空调起到一定的净化空气的作用，以上数据结果更进一步说明公园对PM$_{2.5}$滞留作用的发挥是受一定的天气污染条件制约的。

（2）公园内、外PM$_{2.5}$浓度的年变化分析

1）公园内、外PM$_{2.5}$浓度的月变化分析

不同公园内、外PM$_{2.5}$浓度的月变化分析结果如图6-27所示，不同月份之间PM$_{2.5}$浓度有较大差异，3个公园内、室内及道路旁PM$_{2.5}$浓度变化趋势较一致，均在2月份达到最大值，在200μg/m³以上，空气质量指数为重度污染；PM$_{2.5}$浓度在8月份达到最小值，在50μg/m³以下，空气质量指数为良。但公园内、室内与道路3个不同环境内的PM$_{2.5}$浓度的比较没有一定的规律。

由图6-27得知：3个公园内、建筑室内及道路旁PM$_{2.5}$浓度均在 8月份最低，主要是由于植物生长进入旺盛期，林内郁闭度和草坪的覆盖度都逐渐达到最高，植物起到了很好的滞留PM$_{2.5}$的作用，另外8月的降水量多，降水起到了湿沉降的作用，使得空气中的细颗粒物浓度减少，致使8月份PM$_{2.5}$浓度最低。12月、1月和2月的PM$_{2.5}$浓度值逐月递增，这主要是由于北京市12月进入供暖期且落叶植物进入相对休眠期导致的结果。3月、4月和5月植物开始进入生长期，树木郁闭度和草坪的覆盖度逐渐增加，3月中旬供暖停止、落叶树木从休眠转入生长期，故

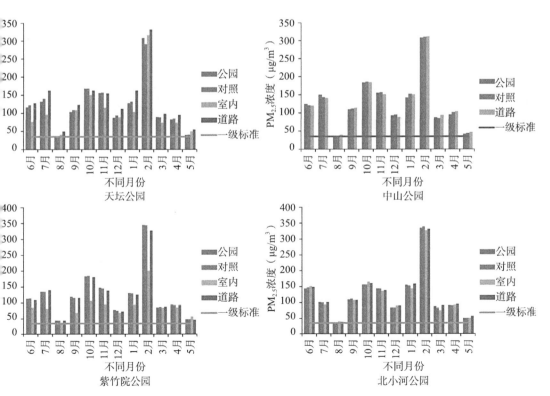

图6-27　不同公园内、外PM$_{2.5}$浓度的月变化图

3月PM$_{2.5}$浓度值较2月明显降低，但由于北京春季风沙大、气候干旱、沙尘暴频繁，4月PM$_{2.5}$浓度值受风沙、扬尘等的影响略高。

2）公园内、外PM$_{2.5}$浓度的季节变化分析

从公园内、外PM$_{2.5}$浓度的季节变化结果可以看出（图6-28）：3个公园内、道路旁和建筑室内的PM$_{2.5}$浓度均表现为冬季最高，秋季次之，春季最低，原因可能为：冬季燃煤释放的大量黑炭和经常出现的逆温天气加剧了雾霾的形成，所以北京市冬季PM$_{2.5}$浓度最高；夏季植物生长旺盛，林分郁闭度也达到最大，但在空气污染比较突出、颗粒物污染源多的城市大环境背景下，外部持续的污染源输入到公园内，加之本身不是以重力沉降为主的特点，植物是来不及完全滞纳这些颗粒物的，从而造成PM$_{2.5}$浓度反而高出春季；春季虽有扬尘，但王成等（2014）研究表明春季北京风沙大有利于粗颗粒物的产生，对细颗粒的贡献较小；夏季桑拿天可能更容易使细颗粒物集聚增多，一些气体挥发物光化学反应产生的次生盐也是细颗粒物的重要来源；秋季植物叶片自然脱落，落叶树由生长期进入休眠期，致使植物滞留颗粒物能力下降，故可能造成秋季PM$_{2.5}$浓度偏高。

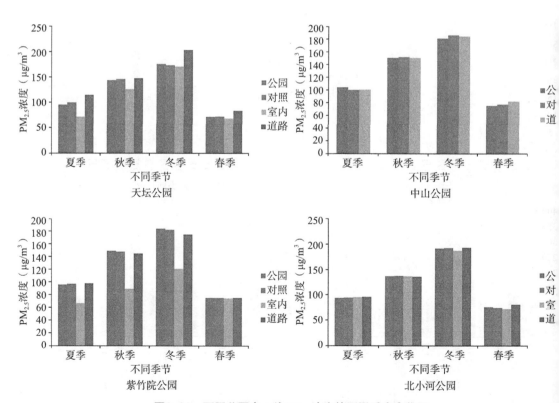

图6-28 不同公园内、外PM$_{2.5}$浓度的不同季度变化图

（3）环境要素对PM$_{2.5}$浓度的影响

1）气象因子与PM$_{2.5}$浓度的关系

公园绿地对空气PM$_{2.5}$浓度变化与消减作用的影响受气象因子制约。如图6-29所示，PM$_{2.5}$浓度与温度、风速呈显著负相关关系，相关系数分别为0.202（$P<0.05$）和0.404（$P<0.01$），即温度越高、风速越大，PM$_{2.5}$浓度越低，消减能力越强；气压与PM$_{2.5}$浓度相关性不显著，相关系数为0.109（$P>0.05$），说明气压对PM$_{2.5}$浓度影响较小；PM$_{2.5}$浓度与相对湿度呈显著正相关关系，相关系数为0.549（$P<0.01$），即相对湿度越大，PM$_{2.5}$浓度越大。这也进一步证明了低温、高湿和相对静风的气象状态不利于空气PM$_{2.5}$颗粒物的扩散和输送，相对的高温、风大、空气对流、湍流运动加强易于PM$_{2.5}$颗粒物的扩散和输运。赵晨曦等（2014）研究同样发现当风速较小时，相对湿度较大，该条件有利于大气近地面层保持稳定状态，逆温强度增大，从而不利于PM$_{2.5}$等污染物在垂直和水平方向的扩散，加重了颗粒物的积聚污染，使其质量浓度居高不下。

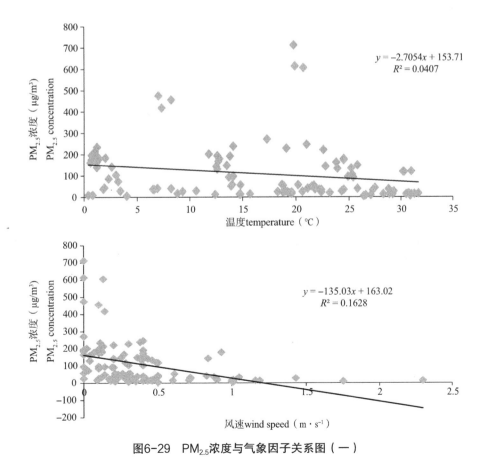

图6-29　PM$_{2.5}$浓度与气象因子关系图（一）

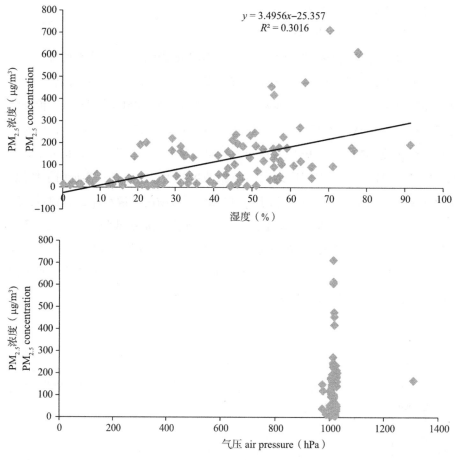

图6-29　PM$_{2.5}$浓度与气象因子关系图（二）

2）车流量对PM$_{2.5}$浓度变化的影响

如图6-30所示北小河公园、天坛公园道路旁PM$_{2.5}$浓度与道路（主路+辅路）的车流量呈显著正相关，相关系数分别为0.348和0.198（$P<0.01$），即车流量增大，PM$_{2.5}$浓度也会缓慢地升高。说明汽车尾气对PM$_{2.5}$浓度有一定的贡献。中山公园道路旁PM$_{2.5}$浓度与道路（主路+辅路）的车流量呈极弱正相关，相关性不显著，相关系数为0.08（$P>0.05$），可能与中山公园特殊的地理位置及所选道路监测点有关，不能很好地表现出PM$_{2.5}$浓度与道路车流量的显著相关性。

3）公园内对照点人流量对PM$_{2.5}$浓度变化的影响

如图6-31所示对人流量较大的天坛公园和中山公园中对照点的人流量与PM$_{2.5}$浓度进行相关性分析，发现天坛公园对照点的人流量与PM$_{2.5}$浓度呈显著正相关，相关系数为0.347（$P<0.01$），中山公园对照点的人流量与PM$_{2.5}$浓度也呈显著正相

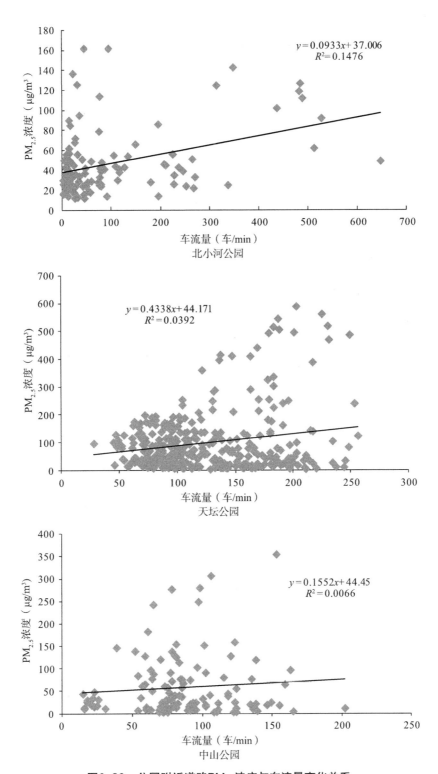

图6-30　公园附近道路PM$_{2.5}$浓度与车流量变化关系

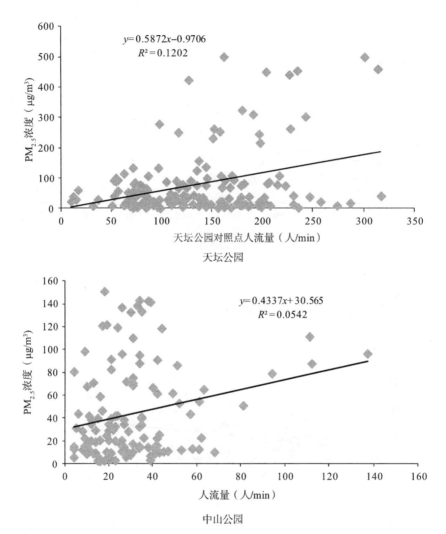

图6-31　公园对照点PM$_{2.5}$浓度与人流量变化关系

关，相关系数为0.233（$P<0.01$），表明人流量对公园对照点PM$_{2.5}$浓度有一定程度的影响，人流量增大，PM$_{2.5}$浓度也会缓慢地升高。

4）建筑室内人流量对PM$_{2.5}$浓度变化的影响

如图6-32所示以天坛附近的红桥天乐商场为例，红桥天乐商场内PM$_{2.5}$浓度与人流量也呈显著正相关，相关系数仅为0.246（$P<0.01$），表明建筑室内人流量增大，PM$_{2.5}$浓度也会缓慢地升高，人流量对建筑室内PM$_{2.5}$浓度有一定程度的影响。

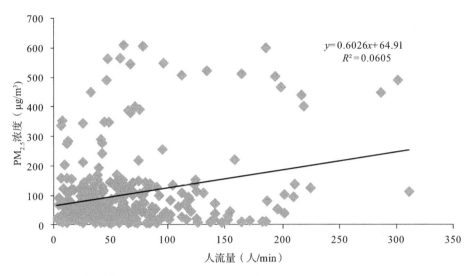

图6-32　天坛公园旁建筑室内PM$_{2.5}$浓度与人流量变化关系

6.1.4　结论

1. 公园绿地内不同类型绿地对空气PM$_{2.5}$浓度作用研究

4家公园内PM$_{2.5}$浓度日变化曲线趋势基本一致，呈现"双峰单谷"型，即早晚高，白天低。每个公园不同类型的绿地及裸地对照点早上7：00PM$_{2.5}$浓度达到最高值，自7：00开始，浓度一直下降，到13：00~15：00左右达到最低值，之后直到19：00浓度呈持续上升状态。

全年8月份PM$_{2.5}$浓度最低，1月、2月、4月、6月、7月、9月、10月和11月公园的绿地空气PM$_{2.5}$污染较为严重，超过了国家PM$_{2.5}$空气质量二级标准75μg/m³，其中2月份月平均空气PM$_{2.5}$浓度最高，均达到300~350μg/m³之间，超过了国家PM$_{2.5}$空气质量二级标准4倍以上。

北京市公园绿地空气PM$_{2.5}$浓度具有明显的季节变化，公园冬季的绿地空气PM$_{2.5}$浓度明显高于春、夏、秋三季，平均浓度达到182μg/m³以上，超过了国家PM$_{2.5}$空气质量二级标准2倍以上。春季为四季中最低浓度，平均浓度为82μg/m³。四季PM$_{2.5}$浓度之间都存在极显著差异。

2. 公园绿地植物配置对大气PM$_{2.5}$浓度的消减作用及影响因子

（1）各公园监测绿地中不同配置模式绿地对细颗粒物的消减效果略有差异，但差异都不显著。纯林绿地或乔草配置型绿地消减PM$_{2.5}$能力最佳，纯草坪绿地对$PM_{2.5}$消减率最低。

（2）绿地配置模式会影响其对大气$PM_{2.5}$浓度的消减能力，其中与斑块面积具有显著相关性，斑块面积越大，绿地对消减$PM_{2.5}$浓度的效果越明显。而与乔木层郁闭度、乔木层高度、草坪盖度等结构指标相关性不显著。

（3）各观测点$PM_{2.5}$浓度显示与群落内的相对湿度显著正相关，与温度、风速有显著负相关关系，与大气压无关。

3. 公园与室内及道路旁空气 $PM_{2.5}$ 浓度差异分析和影响因素研究

（1）本章研究结果表明在无污染、轻度污染天气条件下时，公园内$PM_{2.5}$浓度低于建筑室内及道路旁，说明公园绿地对$PM_{2.5}$有一定的滞留作用。而在中度污染、重度污染及以上天气条件下，公园绿地消减$PM_{2.5}$浓度的作用受到一定的限制，建筑室内$PM_{2.5}$浓度反而达到最低，建议人们在中度污染、重度污染及以上天气条件下减少外出及开窗通风。

不同月份之间$PM_{2.5}$浓度有较大差异，3个公园内、室内及道路旁$PM_{2.5}$浓度月变化趋势较一致，均在2月份达到最大值，在8月份达到最小值，8月份$PM_{2.5}$浓度的降低既有可能是由于植物生长进入旺盛期，致使植物起到很好滞留$PM_{2.5}$的作用，也有可能是由于$PM_{2.5}$的污染源排放量的降低导致的。在对3个公园内、外$PM_{2.5}$浓度进行不同季度分析时均表现为冬季最高，春季最低。王成等（2014）对北京西山3种游憩林内的$PM_{2.5}$浓度的季节变化研究也同样发现$PM_{2.5}$浓度在冬季最高，春季最低。而吴志萍等（2008）对清华大学校园绿地内空气$PM_{2.5}$浓度变化进行研究后得出，$PM_{2.5}$浓度在夏季最高，其次是冬季，秋季最低。导致$PM_{2.5}$浓度的季节变化分析结果不同的原因可能与观测地点、观测时间和当时气象条件的不同有关。

（2）在分析$PM_{2.5}$浓度变化的影响因素时得出$PM_{2.5}$浓度与温度、风速成负相关关系，与相对湿度成正相关关系，这与赵文慧等（2009）的研究结果一致。3个公园内和道路旁$PM_{2.5}$浓度的日变化特征表现为"双峰单谷型"，出现上述日变化规律的原因可能是：白天气温高，空气湿度低，特别是午后左右气温达到最高、空气湿度最低，气温较高时，大气对流旺盛，垂直湍流运动强烈，有利于颗粒物扩散，从而加速了颗粒物的输移，公园内颗粒物浓度降低。相反，早晚气温低，空气湿度大，气温较低时，低层大气对流运动和垂直湍流运动较弱，颗粒物难以被转移到远处，使其聚集增多。

另外，本研究结果表明道路旁$PM_{2.5}$浓度与车流量、人流量呈显著正相关，王成等（2014）认为人为活动和汽车尾气的影响致使细颗粒物的二次生成和排放。早上7：00左右和傍晚19：00左右是车流量的两个高峰期，产生的空气污染物也会输送到公园绿地内、附近的建筑室内，从而增加了空气细颗粒物浓度，所以早上7：00左右和傍晚19：00左右是空气细颗粒物浓度达到高峰的两个时间段，不利于城市居民外出活动和公园游憩，一天中最佳游憩时间为下午15：00左右。公园对照点和建筑室内的人流量与PM$_{2.5}$浓度均呈弱正相关，表明无论开敞空间还是建筑室内的人流量对PM$_{2.5}$浓度均有一定程度的影响，人流量增大，PM$_{2.5}$浓度也会缓慢地升高。郭二果等（2009）的研究同样证明城区绿地和城郊绿地空气细颗粒物浓度与人流量、车流显著正相关。

（3）影响城市公园PM$_{2.5}$浓度的因素较多，除了受温度、湿度、风速等气象因子及道路车流量影响外，还与城市公园规模、绿地结构、郁闭度或盖度及不同的植物配置有密切相关性。李新宇等（2016）在研究公园绿地植物配置对大气PM$_{2.5}$浓度的影响时发现纯林与乔草群落优于草坪与乔灌草，且绿地斑块面积显著影响其对PM$_{2.5}$的消减能力。目前，对于城市公园绿地的研究多以小范围城市公园为研究对象，不能很好地在全局上反映城市公园绿地对大气PM$_{2.5}$颗粒物的消减作用，未来的测定与评价应注意多点、长时间的测量，实际的评价应用应在大样本量的基础上进行。

6.1.5 讨论

1. 不同植物群落配置对大气 PM$_{2.5}$ 浓度的消减影响

颗粒物与绿地类型的关系较复杂，除了受绿地结构、绿地类型的影响以外，不同季节、不同时间也有变化。本章比较了公园绿地内，不同群落结构全年对大气PM$_{2.5}$的消减率，四家公园绿地表现出纯林与乔草群落要优于草坪与乔灌草群落的趋势。吴志萍等（2008）在对不同类型绿地空气颗粒物浓度进行比较时发现，多层复合结构的乔灌草绿地中树木郁闭度和地被物覆盖度都很高，绿量大，但是它的颗粒物浓度却高于单层结构。而陈自新（1998）、张新献（1997）等人的研究结果是乔灌草绿地内空气颗粒物浓度最低。研究结果有所区别的原因可能与乔灌草绿地的植物密度较高、枝下高偏低、花灌木数量多有关系。植物密度高、枝下高偏低，使得林内阴湿，通风条件不好，不利于颗粒物的输送和扩散，在城市不断有外界颗粒物输入的情况下，可能反而导致颗粒物浓度居高不下。而群落骨干树种突出的1～2层的乔木或乔草结构，建成多年，乔木规格较大，且健康稳定的绿地配置模式对$PM_{2.5}$的消减作用明显。

2. 群落结构因子对大气 $PM_{2.5}$ 消减率的影响

殷杉等（2007）对上海浦东某交通干道旁侧绿化带不同季节大气中总悬浮颗粒物（TSP）的测定，得出相同面积的绿地对TSP的净化百分率同植物群落的郁闭度成正相关。本章比较了不同环境下不同面积的植物群落对大气$PM_{2.5}$消减率，结果表明绿地斑块面积会显著影响其对细颗粒的消减能力，面积越大，消减能力越强，而与群落的郁闭度相关性不大。如进一步分析不同群落郁闭度对大气$PM_{2.5}$消减率的影响，需要选择相同面积的植物群落进行比较。

3. 气象因子对大气 $PM_{2.5}$ 浓度变化的影响

由于研究结果受观测地点、采样时间和试验环境等多种因素的影响，不同地点所测结果数值和变化趋势可能有差别，但比较李素莉等的研究可以发现，尽管测试环境差异很大，但观测点$PM_{2.5}$浓度与群落内的相对湿度显著正相关，说明相对湿度的确对细颗粒物的生成影响较大，大气中相对湿度的增加能够促进细颗粒物的生成，与本书研究结果一致。

对于风速的影响，李素莉等（2015）、古琳等（2013）研究结果表明，风速与群落内$PM_{2.5}$浓度的相关性不大，而么旭阳等（2014）研究发现风速与群落内$PM_{2.5}$浓度显著相关，风速较低会抑制颗粒物扩散，反之会增加颗粒物扩散，与本研究结果一致。研究结果的差异主要由于不同研究区内林带的宽度不同，对于较宽的林带，会形成小气候，风速大会引起湍流，此时$PM_{2.5}$的变化没有规律。对于公园内绿地配置，林带不会太宽，空间宽阔，利于颗粒物扩散。

6.2　道路绿地消减 $PM_{2.5}$ 能力的研究

空气质量的好坏与人的健康息息相关。据北京市$PM_{2.5}$监测点数据显示，2012年北京市$PM_{2.5}$年平均为106μg/m³（北京市环境保护监测中心，2012）。大气颗粒物污染已经成为城市主要环境问题，在目前尚不能完全依赖污染源治理以解决环境问题的情况下，借助自然界的清除机制是缓解城市大气污染压力的有效途径，城市园林绿化就是其一（Freer-smith *et al.*，1997；Beckett *et al.*，1998）。道路绿带作为消除交通污染源的重要方法正受到越来越广泛的重视（苟亚清、张清东，2008；韩阳等，2005），关于城市绿化树种滞尘能力、道路绿带的滞尘能力、效率等已有较多研究（王蕾等，2006；王赞红、李纪标，2005；柴一新等，2000），但关于城市道路两侧绿地内污染情况与交通源的关系，以及不同大气污染环境下，不同宽度与植物配置的道路绿地如何影响及消减 PM$_{2.5}$ 浓度等方面的研究则鲜见报道。本节对北京市交通主干道不同群落类型道路绿地不同绿带宽度下 PM$_{2.5}$ 浓度进行测定，分析其变化规律及影响因素，揭示道路绿地消减 PM$_{2.5}$ 的作用机理，为道路绿地植物配置模式优选和构建提供基础数据，为城市大气污染治理提供依据。

6.2.1　研究区概况

研究区选择北京市四环路主干道，地处北纬39.9°，东116.3°，气候为典型暖温带半湿润大陆性季风气候，夏季高温多雨，冬季寒冷干燥。年均温8.5~9.5℃，夏季各月平均温24℃以上，年降水量540mm，年平均蒸发量730mm。四环路是北京市城区的一条环城快速路，平均距离北京市中心点约8km，全长65.3km，全线共建设大小桥梁147座，并设有完善的交通安全设施，主路双向八车道，全封闭、全立交，设计时速为80km/h。其主要绿地结构配置模式有乔—草型、乔—灌—草型2种。

根据北京市城市道路绿地的主要类型及城区道路格局分布特点，在四环道路绿地沿垂直城市主风向下侧，分别选取姚家园北路、六郎庄北、蓝靛厂桥南3种不同绿地配置模式作为试验点，同时取顺景园北作为空白对照。试验点分布如图6-33~图6-38所示。各试验点绿地植物配置情况见表6-8~表6-11。群落组成分别为：A$_1$：桧柏+洋白蜡+毛白杨—紫叶李+砂地柏—野牛草群落；A$_2$：桧柏—紫荆+金钟花—野牛草群落；A$_3$：梓树+银杏+国槐—麦冬群落。

（1）姚家园北路

由道路边缘向外呈明显"草—灌—乔"的配置层次，前层为草本地被，宽度6~8m；中层为花灌木及小乔木，宽12~14m，后层为落叶乔木纯林，宽度10m以上。

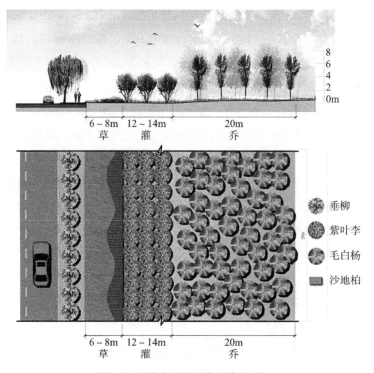

图6-33　姚家园北路监测点绿地

图6-34　姚家园北路监测点现状照片

姚家园北路监测点绿地植物配置一览表　　　　　　　　　表 6-8

分项			指标参数
树种配置	乔木	毛白杨	$H=9 \sim 14m$，$W=2.5 \sim 3.5m$，$D=12 \sim 20cm$
		垂柳	$H=8 \sim 12m$，$W=3 \sim 4.5m$，$D=15 \sim 25cm$
		紫叶李	$H=2.5 \sim 3.5m$，$W=1.5 \sim 2m$，$D=12 \sim 16cm$
	灌木	沙地柏	$H=0.4m$
	地被	草坪	早熟禾混播

续表

分项	指标参数		
群落特征	物种组成	常绿落叶比	1：5
		物种种类	≥5种
		乡土树种比例	>90%
	水平结构	"前—中—后"的乔灌草搭配视觉层次明显	
	垂直结构	垂直结构类型：乔+灌+草，垂直层数3	
		乔木层郁闭度，80%；灌木层盖度，70%；地被层盖度，30%	

注：H为树高，W为冠幅，D为胸径。

（2）六郎庄北

由道路边缘向外呈"草—灌—乔"的配置层次，中层宽度较大，前层为草坪，宽度6m；中层为花灌木及小乔片状镶嵌种植，宽20～24m，后层为常绿乔木片林，宽度6～8m。

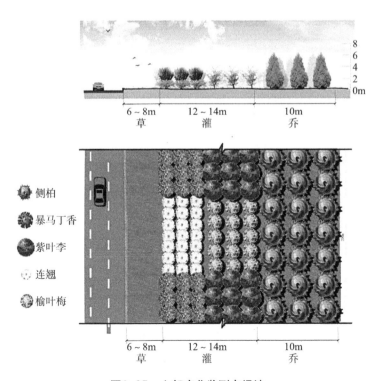

图6-35　六郎庄北监测点绿地

图6-36 六郎庄北监测点现状照片

姚家园北路监测点绿地植物配置一览表　　　　　　　表 6-9

分项			指标参数
树种配置	乔木	侧柏	H=5~7m，W=3~3.5m
		紫叶李	H=2.5~3.5m，W=1.5~2.5m，D=12~18cm
		暴马丁香	H=2.5~3.5m，W=1.5~2m，D=10~15cm
	灌木	榆叶梅	H=2.0~2.5m，W=1.2~1.5m
		金银木	H=1.5~2.0m，W=1.2~1.5m
	地被	草坪	早熟禾混播
群落特征	物种组成	常绿落叶比	1：3
		物种种类	6~10种
		乡土树种比例	>90%
	水平结构		"前—中—后"的乔灌草搭配视觉层次明显，灌木木层块状镶嵌配置
	垂直结构		垂直结构类型：乔+灌+草，垂直层数3 乔木层郁闭度，50%；灌木层盖度，70%；地被层盖度，70%

注：H为树高，W为冠幅，D为胸径。

（3）蓝靛厂桥南

由道路边缘向外呈明显"乔+灌+草—乔"的配置层次，前层为乔灌草多层次配置，宽度6~8m，具有一定景观效果；后层为混交乔木林，宽30m左右，郁闭度70%左右。

蓝靛厂桥南监测点绿地植物配置一览表　　表 6-10

分项			指标参数
树种配置	乔木	银杏	H=6.5～9m, W=2～2.5m, D=13～20cm
		毛白杨	H=8～11m, W=3.5～4.0m, D=15～25cm
		国槐	H=6.5～8.5m, W=3～3.5m, D=12～20cm
	灌木	迎春	H=0.8～1.0m, W=1.2～1.5m
		小叶黄杨	H=0.6m
	地被	草坪	苔草及早熟禾混播
		自然地被	蛇莓、蒿、鼠尾草等
群落特征	物种组成	常绿落叶比	1：5
		物种种类	6～10种
		乡土树种比例	＞90%
	水平结构		外呈明显"乔+灌+草—乔"的配置层次，靠近路缘前层有乔木层配置
	垂直结构		垂直结构类型：乔+灌+草，垂直层数3
			乔木层郁闭度，80%；灌木层盖度，75%；地被层盖度，80%

注：H 为树高，W 为冠幅，D 为胸径。

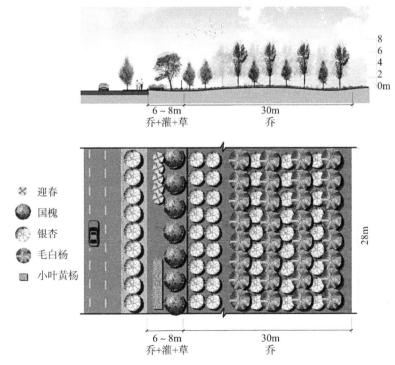

图6-37　蓝靛厂桥南监测点绿地现状

图6-38　蓝靛厂桥南监测点现状照片

道路绿地信息表　　　　　　　　　　　　　　表 6-11

试验点	物种	拉丁文名	距离（m）	郁闭度	株行距/宽度（m）	高度（m）	总宽度（m）
顺景园北门（L0）		空白对照					
姚家园北路（A1）	野牛草	*Buchloe dactyloides*	1	70	6	0.03	70
	沙地柏	*Sabina vulgatis*	6		0.3/0.5	0.8	
	洋白蜡	*Fraxinus pennsylvanica*	18		6/6	8	
	毛白杨	*Populus tomentosa*	30		6/3	10	
六郎庄北路（A2）	野牛草	*Buchloe dactyloides*	1	50	6	0.05	36
	金钟花	*F.viridissima*	6		3/2	2.5	
	紫荆	*Cercis chinensts*	10		2	4	
	桧柏	*Sabina chinensis*	12		2.5/4	7	
蓝靛厂桥南（A3）	麦冬	*Ophiopogon Japonicus*	1	85	2	0.1	50
	国槐	*Sophora japonica*	6		3	10	
	银杏	*Ginkgo biloba*	6		2/3	7	
	梓树	*Catalpa ovata*	18		3/4	10	

6.2.2　研究方法

1. 调查方法

（1）监测区（地段）的选取

根据北京市城市道路绿地的主要类型及城区道路格局分布特点，以主干道四环道路绿地为监测代表，沿垂直城市主风向下侧监测样点分别选取为姚家园北路、六郎庄北、蓝靛厂桥进行监测，同时取顺景园北作为空白对照（如图6-39所示）。

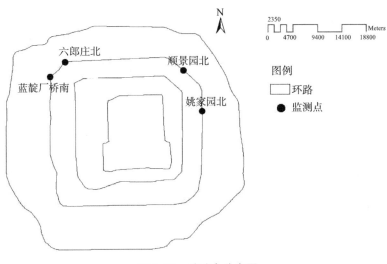

图6-39　试验点分布图

（2）监测点选取

在各地段选择植物长势好的地方，且林带两侧和林带后无障碍物、无建筑物，周边开阔地段设置监测点。

（3）监测点设置

在各试验点绿地内选择植物长势好，且绿带两侧无障碍物、无建筑物，周边开阔地段设置监测点。沿道路垂直方向布设0m、6m、16m、26m、36m等5个监测点。其中，0m监测点设在位于道路边缘处，离绿带1m处；6m、16m、26m、36m分别代表不同绿地宽度处测距。监测点布设方案如图6-40所示。

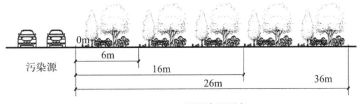

图6-40　监测点设置示意图

2. 监测内容及记录指标

2012年9月~2013年8月在各试验点各监测点每月分上、中、下旬选择3天无风（风速<3级）的天气，同时对A₁（姚家园北路）、A₂（六郎庄北）、A₃（蓝靛厂桥南）、A₀（顺景园空白对照）4个不同绿带宽度测点进行$PM_{2.5}$浓度监测。监测时段为早高峰前、中、后（7：00、8：00、10：00），正午前后（12：00、14：00）及晚高峰前、中、后（16：00、18：00、19：00），采用PDR-1500测定可吸入颗粒物$PM_{2.5}$浓度，采样高度为距离地表1.5m（与成人呼吸高度基本一致），Kestrel-4500袖珍式气候测量仪测定大气温度、相对湿度、风速和气压等气象因子。每次监测5min，每10s读取一组数据。

3. 绿地对$PM_{2.5}$消减作用计算

绿带宽度对$PM_{2.5}$消减作用或净化百分率的计算公式（郭伟等，2010；王月容等，2013）如下：

$$P = \frac{C_s - C_m}{C_s} \times 100\%$$

式中，C_s是道路边0m 测距处的$PM_{2.5}$浓度；C_m是6m、16m、26m、36m不同绿带宽度测距处$PM_{2.5}$浓度。

4. 数据处理

方差齐性检验，LSD多重比较以及$PM_{2.5}$浓度与气象因子的相关关系等利用Excel、SPSS软件进行数据处理和统计分析。

6.2.3　结果分析

1. $PM_{2.5}$浓度日变化特征

各试验点空气$PM_{2.5}$浓度的日变化曲线基本上呈现"双峰单谷"型，即早晚高、白天低（图6-41~图6-43）。早上与晚上相比，晚上的$PM_{2.5}$浓度高于早上。各绿地不同绿带宽度$PM_{2.5}$浓度自8：00后增加，10：00后开始浓度一直下降，到12：00~14：00左右达到最低值，之后呈持续上升状态，直至晚高峰19：00浓度达一天中的最大值。道路车流量日变化与空气$PM_{2.5}$浓度的日变化特征保持一定的一致性，即双峰单谷型，早晨8：00~10：00车流量增加，出现早高峰，12：00~14：00车流量减少，

16：00~18：00车流量增加，出现晚高峰。早晚高峰车流量基本相当。而空气PM$_{2.5}$浓度在晚19：00点达到全天最高值，说明污染物浓度在无风的天气维持时，空气中的污染物质就会不断地累积，同样污染条件下，傍晚污染物浓度高于清晨。

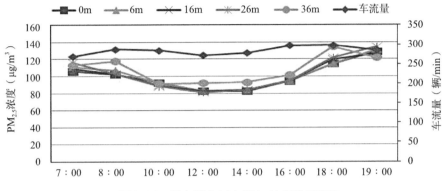

图6-41　姚家园（A1）PM$_{2.5}$浓度的日变化

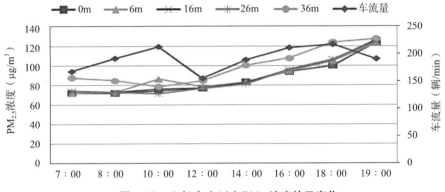

图6-42　六郎庄（A2）PM$_{2.5}$浓度的日变化

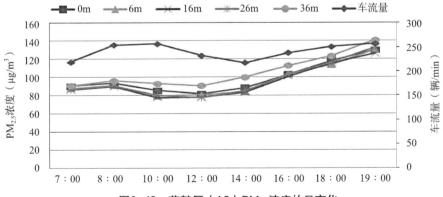

图6-43　蓝靛厂（A3）PM$_{2.5}$浓度的日变化

2. 道路绿地对 $PM_{2.5}$ 的消减作用

全年无污染或轻度污染（$PM_{2.5}<115\mu g/m^3$）天气条件下，道路绿地对$PM_{2.5}$的消减作用表明（图6-44），不同绿地不同宽度测距间$PM_{2.5}$消减作用有所不同，各测点在6m、16m、26m、36m的地段均有明显消减作用，变幅为0.64%～12.22%之间，绿带消减率排序为：A_3（蓝靛厂桥南）>A_1（姚家园北路）>A_2（六郎庄北）。三块道路绿地中，蓝靛厂桥南绿地对$PM_{2.5}$消减作用高于其他两块绿地，平均消减率为9.70%，在36m处消减率最高，达到12.22%。姚家园路绿地对$PM_{2.5}$平均消减率为2.40%，在26m处消减率最高，达到4.52%。六郎庄绿地对PM_2平均消减率为2.12%，在36m处消减率最高为3.54%。绿带宽度处消减率排序为36m>26m>16m>6m。形成这种消减差异的主要原因可能与各点绿带配置结构与植物种类有关。蓝靛厂桥南绿地群落组成多为大型乔木，林内郁闭度高，达到80%，而六郎庄绿地乔木层郁闭度仅为50%，故滞尘能力差异明显。消减结果表明道路绿地的宽度在26m及以上能够取到较好的滞留颗粒物作用。同时，也说明了不同道路绿地植物配置模式影响对$PM_{2.5}$的消减能力。

中度污染（$115\mu g/m^3<PM_{2.5}<250\mu g/m^3$）天气条件下，绿地对$PM_{2.5}$消减作用表明（图6-45），不同地点不同绿带宽度下道路绿地对$PM_{2.5}$消减作用不明显，除蓝靛厂桥南绿地对$PM_{2.5}$有消减作用外，其他两块绿地的消减率大多呈负值，这充分说明绿地对$PM_{2.5}$消减作用的发挥是受一定的天气污染条件制约。同时也表明，在同等的天气状况下，不同的植物配置模式对空气细颗粒物污染的影响很大。以乔木林为主，郁闭度较高的蓝靛厂的植物配置模式在中度污染情况下道路

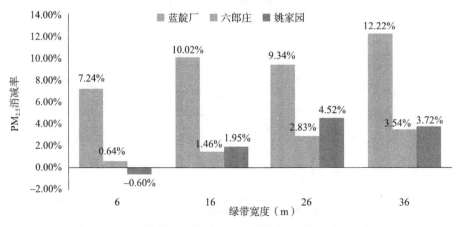

图6-44　无污染或轻度污染条件下道路绿地对$PM_{2.5}$的消减能力

消减率仍为正值，而没有形成复层结构群落郁闭度较低的六郎庄和姚家园植物配置模式对PM$_{2.5}$消减率大多为负值，这说明多复层结构的植物配置模式对空气细颗粒物污染的消减作用，要明显优于单层结构植物配置模式。

重度污染（PM$_{2.5}$＞250μg/m^3）天气条件下，绿地对PM$_{2.5}$消减作用表明（图6-46），当空气细颗粒物污染达到重度以上程度时，不同地点不同绿带宽度下道路绿地对PM$_{2.5}$消减作用均不明显，全部呈负值。由此说明，绿地滞尘效果和消减能力有限，在重度污染条件下，基本不能达到消减和滞尘作用。

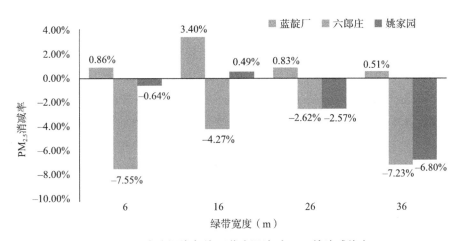

图6-45　中度污染条件下道路绿地对PM$_{2.5}$的消减能力

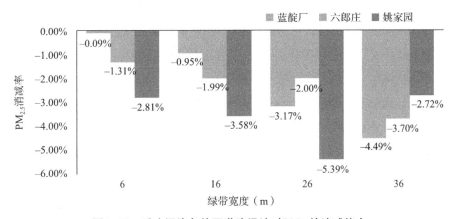

图6-46　重度污染条件下道路绿地对PM$_{2.5}$的消减能力

6.2.4　结论

根据北京城市道路绿地的主要类型及城区道路格局分布特点，在四环道路绿地沿垂直城市主风向下侧，分别选取姚家园北路、六郎庄北、蓝靛厂桥南3种不同绿地配置模式作为试验点，对0m、6m、16m、26m、36m不同绿带宽度下PM$_{2.5}$浓度分布、消减能力及与交通污染源、植物配置关系进行了研究。得出以下主要结论：

（1）PM$_{2.5}$浓度的日变化特征与早晚高峰道路车流量变化有一定的相关性，同时也受到天气条件的影响。道路绿地空气中PM$_{2.5}$浓度的日变化与道路车流量均呈现双峰单谷型特征，即早晚高、白天低，最低值出现在12：00~14：00左右，早晚高峰车流量基本一致，PM$_{2.5}$浓度最高值出现在晚高峰后19：00左右，说明道路两侧的PM$_{2.5}$浓度变化主要受到最近的交通污染源的影响，车流量越大，空气中PM$_{2.5}$浓度越高，这与已有研究揭示的城市道路交通的大气颗粒物污染特征一致（戴思迪等，2012）。当晴好无风的天气维持时，空气中的污染物质就会不断地累积，空气质量逐渐下降，也是夜晚PM$_{2.5}$浓度更高的原因。若匹配适当的湿度条件就会向雾霾天气演化，直至有新的天气过程发生而改变（施晓晖和徐祥德，2012）。

（2）分别对三类空气质量条件下，道路绿地对PM$_{2.5}$消减作用进行评价。在无污染或轻度污染（PM$_{2.5}$<115μg/m³）、中度污染（115μg/m³<PM$_{2.5}$<250μg/m³）及重度污染（PM$_{2.5}$>250μg/m³）三种环境条件下，道路绿地对PM$_{2.5}$消减作用不同，无污染或轻度污染（PM$_{2.5}$<115μg/m³）环境下，绿地对PM$_{2.5}$消减作用明显，不同绿地的消减率不同，但都表现出26m及36m的绿带处消减作用最强，最高可达12.22%；其中蓝靛厂桥南绿地对PM$_{2.5}$具有消减作用最明显，平均消减率达到9.70%。中度污染（115μg/m³<PM$_{2.5}$<250μg/m³）的环境下，只有蓝靛厂桥南绿地对PM$_{2.5}$具有消减作用。重度污染（PM$_{2.5}$>250μg/m³）天气条件下几块绿地对PM$_{2.5}$消减作用都不明显。研究表明，绿地内的植物配置与植物种类组成影响对PM$_{2.5}$消减作用，其中郁闭度较高的多复层群落结构明显优于郁闭度较低的单层群落结构，这与植物群落滞尘规律表现一致（殷杉等，2007）。但绿地对PM$_{2.5}$消减作用有限，尤其在严重雾霾天气条件下，绿地内的PM$_{2.5}$会不断累积，随着距离道路越远，浓度逐渐增大，林带内要高于林带边缘。

第 7 章

《消减PM$_{2.5}$型道路绿地种植设计技术指南》的应用案例

——以通州区台湖镇京台路道路绿化改造项目为例

北京创新景观园林设计有限责任公司受委托对通州区台湖镇京台路道路绿化进行改造设计，并将北京市园林科学研究院的研究成果"消减PM$_{2.5}$型道路绿地种植设计技术指南"进行应用并示范。

7.1 绿地设计范围

京台路位于通州区台湖镇，贯穿台湖镇东西向，西与朝阳区相接，东至九德路。全长近5km，两侧绿化带宽度在10~30m之间，是台湖镇的主要交通干道（图7-1）。

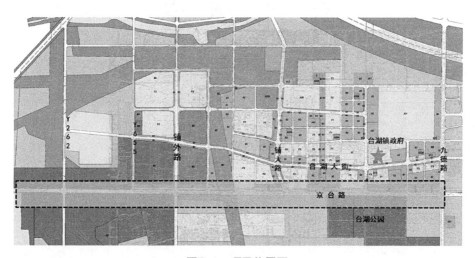

图7-1 项目位置图

7.2 设计思路

在考虑景观前提下，在"通州区台湖镇京台路道路绿化改造"项目实施点提升绿地滞尘及滞留细颗粒物能力，设计时遵循了《消减PM$_{2.5}$型道路绿地种植设计技术指南》。选择降低空气中PM$_{2.5}$等颗粒污染物的优选树种，如元宝枫、国槐、臭椿、圆柏、垂柳、紫叶矮樱、丁香、榆叶梅、海棠等。

同时选择应对PM$_{2.5}$污染的城市绿地植物群落空间模式，形成"行道树—乔灌草—乔木林"的搭配模式。

7.3 设计要点

7.3.1 应对 PM$_{2.5}$ 污染的城市绿地植物群落空间模式

群落配置空间形式为垂直于道路中线，具有水平层次梯度的"行道树—乔木林—乔灌草"搭配类型，地形随道路展开变化或具有一定的缓坡处理。可设置一定的慢行（步行、自行车）道路，供游人使用。绿地宽度应在30m以上，树种选择以乡土树种为主，种植规格胸径8～12cm，常绿落叶比宜1：4~1：5；由路缘向外，前排一行行道树；中间层为混交乔木林，宽30m左右，郁闭度70%左右；后层向试验站过渡为乔灌草复层配置，宽度6～8m，具有一定景观效果，形成"乔—乔+灌+草"配置层次。乔木林郁闭度0.7以上，疏透度0.5～0.7；地被层以3～5种乡土草本为主。试验站区内道路两侧可配置少量花灌木。

7.3.2 应对 PM$_{2.5}$ 污染的城市绿地典型植物种类

1. 乔木 14 种

元宝枫、柿树、国槐、银杏、臭椿、白玉兰、楸树、小叶朴、圆柏、杜仲、家榆、毛白杨、栾树、刺槐（表7-1）。

2. 花灌木 7 种（类）

紫叶矮樱、丁香、胡枝子、木槿、榆叶梅、牡丹、钻石海棠。

整株植物滞留细颗粒物能力分类 表 7-1

	优选树种	可用树种	不建议使用树种
乔木	元宝枫、柿树、国槐、银杏、臭椿、白玉兰、楸树、小叶朴、圆柏、杜仲、家榆、毛白杨、栾树、刺槐	旱柳、流苏、黄栌、油松、雪松、七叶树、樱花、白蜡、西府海棠、构树、垂柳	紫叶李、碧桃、北京丁香、绦柳、山桃、丝棉木
灌木	紫叶矮樱、丁香、胡枝子、木槿、榆叶梅、牡丹、钻石海棠	金银木、紫丁香、天目琼花、黄刺玫、紫薇、小叶黄杨、连翘、迎春、金钟花、锦带花、红瑞木、蔷薇、棣棠、大叶黄杨	月季、女贞、卫矛、紫荆、紫叶小檗、沙地柏

植物名录拉丁文名列表 表 7-2

植物	拉丁文名	植物	拉丁文名
侧柏	*Platycladus orientalis* (L.) Franco	七叶树	*Aesculus chinensis* Bunge
杜仲	*Eucommia ulmoides*	白蜡	*Fraxinus chinensis*
雪松	*Cedrus deodara*	柽柳	*Tamarix chinensis* Lour.
银杏	*Ginkgo biloba*	刺槐	*Robinia pseudoacacia*
龙柏	*Sabina chinensis* (L.) Ant. cv. Kaizuca	金枝国槐	*Styphnolobium japonica* 'Golden Stem'
白扦	*Picea meyeri* Rehd. et Wils.	垂柳	*Salix babylonica*
小叶朴	*Celtis bungeana*	臭椿	*Ailanthus altissima*
白皮松	*Pinus bungeana*	楸树	*Catalpa bungei*
油松	*Pinus tabuliformis*	珍珠梅	*Sorbaria sorbifolia* (L.) A. Br.
暴马丁香	*Syringa reticulata* (Blume) H. Hara var. *amurensis* (Rupr.) J. S. Pringle	紫穗槐	*Amorpha fruticosa* Linn.
国槐	*Sophora japonica*	胡枝子	*Lespedeza bicolor*
红花洋槐	*Robinia neomexicana*	天目琼花	*Viburnum opulus*
毛白杨	*Populus tomentosa*	连翘	*Forsythia suspensa*
圆柏	*Sabina chinensis*	金银木	*Lonicera maackii*
馒头柳	*Salix matsudana* var. *matsudana* f. *umbraculifera* Rehd.	紫叶小檗	*Berberis thunbergii* cv. *atropurpurea*
白桦	*Betula platyphylla* Suk.	荆条	*Vitex negundo* L. var. *heterophylla* (Franch.) Rehd.

7.4 改造工程概况

示范区改造工程开工于2015年4月，竣工于2016年10月。改造绿地面积约15.8万m^2，图7-2为改造后现场拍摄照片。预计消减20%左右的PM$_{2.5}$，通过具有消减PM$_{2.5}$功能的不同植物群落结构的合理配置和优化，发挥其消减PM$_{2.5}$功能，净化大气，固碳释氧，增加生物多样性等生态效益，提升城市居民的生活质量。

图7-2 《消减PM$_{2.5}$型道路绿地种植设计技术指南》在"通州区台湖镇京台路道路绿化改造项目"中进行的示范应用

第 8 章

结论

本书在分析北京PM$_{2.5}$时空分布特征的基础上，研究了植物种类差异、植物配置方式、绿化带结构、园林绿化规模、园林绿化现状对治理PM$_{2.5}$污染的效果；筛选出治理效果好的植物种类和优化模式，提出了治理PM$_{2.5}$污染的综合技术措施；结合平原地区大规模造林工程和城区新建改建项目，建立了北京市高效控制PM$_{2.5}$的园林绿化工程试验示范区。得出以下主要结论：

（1）北京地区2015～2018年ρ（PM$_{10}$）、ρ（PM$_{2.5}$）和ρ（PM$_1$）历年均值均呈现出逐年降低的变化趋势，超标天数逐年减少；季节变化中，ρ（PM$_{2.5}$）和ρ（PM$_1$）最高的均是冬季，最低的是夏季，而ρ（PM$_{10}$）最高的是春季，其次是冬季、秋季、夏季；日变化中，三种空气颗粒物浓度总体日变化趋势为白天低、夜间高；相关性分析中，PM$_{10}$、PM$_{2.5}$和PM$_1$之间具有极显著正相关。北京地区2015～2018年空气颗粒物污染情况改善程度十分明显，空气质量显著提高。三种空气颗粒物夜间浓度高于白天，它们间具有极显著正相关。

（2）北京市的空气质量多处在轻微污染，影响空气质量的主要是颗粒物即降尘和飘尘。北京市适生的园林树种滞尘能力有较大的差异，选择滞尘能力强的树种可以产生较大的滞尘效益。

通过分析得出，叶片滞留大气颗粒物的能力与叶片的微型态结构有关，对每一种植物进行深一步的微观了解，可以有助于滞尘树种的选择。由于园林植物个体叶表面特性的差异，叶片具有表面蜡质结构、表面粗糙、多皱、叶面多绒毛、分泌黏性的油脂和汁液等特性的园林植物能吸附大量的降尘和飘尘。滞留大气颗粒物能力由高到低的微形态结构依次是蜡质结构>绒毛>沟槽>条状突起；并且这些微形态结构越密集、深浅差别越大，越有利于滞留大气颗粒物。因此，对于有利于附着细颗粒物的树种，可在以飘尘为主的城市推广此树种，而有利于附着粗颗粒的树种，可以在以降尘为主的城市推广此树种。如果在城市中种植滞尘能力强的树种，再进行合理的结构设计，则对减轻城市中各种颗粒物的污染具有重要意义。

北京市园林植物叶片滞留大气颗粒物成分十分复杂，形态各异，大部分形状不规则。颗粒物粒径分布不均匀，小到几个微米大到几十个微米不等。结合能谱分析可以得出，植物叶表面滞留的大气颗粒物中主要含有以下几类颗粒物：烟尘集合体，矿物颗粒，飞灰，生物颗粒以及其他未知颗粒。

（3）通过对园林植物滞留不同粒径颗粒物的体积比和数量比进行分析可知：园林植物叶片表面滞留颗粒物大部分为PM$_{10}$，占94%以上，说明园林植物可以对大气可吸入颗粒物起到很好的过滤效应，有利于人体呼吸健康，按照不同粒径分级统计时发现，大部分园林树种叶表面滞留的颗粒物体积百分比最大的均在粒径范围2.5~10μm内，平均比例达到57.3%。复旦大学公共卫生学院一项研究证实，粒径在0.25~0.5μm范围内颗粒物数值浓度与健康危害关系最显著；且粒径越小，健康危害越大。这为我国大气颗粒物污染防治提供了新方向，即应重点关注更小粒径颗粒物，而不仅仅是$PM_{2.5}$。

进行园林植物滞留颗粒物能力分析时，综合考虑了不同植株的绿量大小，按照单位叶面积每周滞留颗粒物量及单株每周滞留颗粒物量进行了比较。乔木中单株滞尘量较多的植物有元宝枫、侧柏、圆柏、银杏、臭椿、国槐、悬铃木、小叶朴、家榆、毛白杨、雪松、栾树、刺槐，其整株树每周滞尘量均在100g以上。灌木中单株滞尘量较多的植物有木槿、榆叶梅、胡枝子，其整株每周滞尘量均在10g以上，乔木中单株滞留$PM_{2.5}$量较多的植物有元宝枫、刺槐、悬铃木、小叶朴、国槐、柿树、银杏、侧柏、白玉兰、家榆、臭椿、旱柳，其整株树每周$PM_{2.5}$滞留量均在19g以上，灌木中单株滞留$PM_{2.5}$量较多的植物有紫叶矮樱、丁香、胡枝子、木槿、牡丹、榆叶梅，其整株每周$PM_{2.5}$滞留量均在1g以上。测定树种滞留颗粒物的能力是城市绿地系统设计的依据，高大的乔木能起到阻滞、吸附外界颗粒物的作用，较密的灌草则能有效减少地面的扬尘。如果在城市中栽植、引进滞留颗粒物能力强的树种，能形成群落或森林植被，再进行合理的结构设计，则对减轻城市中各种空气颗粒物污染具有重要意义。

（4）不同树种排放的VOCs类别组成差异较大，且每种物质生成SOA潜势各不相同。对比北京市城区及郊区24种植物生成SOA量，得出油松、黄栌、圆柏等3种植物由于释放α-蒎烯的量较高，植物对生成SOA的贡献较高。白桦、核桃楸、七叶树、白扦、紫丁香、槲栎、绦柳、旱柳等8种植物对SOA也具有一定的贡献。其他13种植物对SOA的贡献均较小。

锦带花与元宝枫两种植物单位叶面积对$PM_{2.5}$的消减能力最强；紫丁香、大叶黄杨、胡枝子、晚樱、金钟花、钻石海棠、七叶树、旱柳等8种植物对$PM_{2.5}$消减作用其次；黄栌与油松二种植物对$PM_{2.5}$没有消减作用，反而增加空气$PM_{2.5}$浓度。

（5）分别对三类空气质量条件下，道路绿地对$PM_{2.5}$消减作用进行评价。在无污染或轻度污染（$PM_{2.5} < 115\mu g/m^3$）环境、中度污染（$115\mu g/m^3 < PM_{2.5} < 250\mu g/m^3$）的环境及重度污染（$PM_{2.5} > 250\mu g/m^3$）等3种环境条件下，道路绿地对$PM_{2.5}$消减作用不同，无污染或轻度污染（$PM_{2.5} < 115\mu g/m^3$）环境下，绿地对$PM_{2.5}$消减作用明显，不同绿地的消减率不同，但都表现出26m及36m的绿带处

消减作用最强，最高可达12.22%；其中蓝靛厂桥南绿地对$PM_{2.5}$具有消减作用最明显，平均消减率达到9.70%。中度污染（$115\mu g/m^3 < PM_{2.5} < 250\mu g/m^3$）的环境下，只有蓝靛厂桥南绿地对$PM_{2.5}$具有消减作用。重度污染（$PM_{2.5} > 250\mu g/m^3$）天气条件下几块绿地对$PM_{2.5}$消减作用都不明显。研究表明，绿地内的植物配置与植物种类组成影响对$PM_{2.5}$消减作用，其中郁闭度较高的多复层群落结构明显优于郁闭度较低的单层群落结构，这与植物群落滞尘规律表现一致（殷杉等，2007）。但绿地对$PM_{2.5}$消减作用有限，尤其在严重雾霾天气条件下，绿地内的$PM_{2.5}$会不断累积，随着距离道路越远，浓度逐渐增大，林带内要高于林带边缘。

公园绿地$PM_{2.5}$监测结果表明：天坛公园、北小河公园总体消减$PM_{2.5}$效果较好，平均分别达到11.13%、9.78%。各公园监测绿地中不同配置类型绿地，消减效果具有一定的差异性：天坛公园以乔草1型配置绿地消减效果最佳，主要配置结构为400年古柏与自然草本地被的"乔+草"结构；紫竹院公园以竹林（约$0.2hm^2$）的消减效果为优；中山公园以国槐、杜仲等为主自然配置的"乔+草"结构绿地消减效果最佳；北小河公园中针叶纯林的配置绿地消减效果最大。分析认为，一定规模是绿地消减$PM_{2.5}$效益高效发挥的重要条件，为保障绿地消减$PM_{2.5}$功能的有效发挥，建议公园绿地面积应不低于$50hm^2$。

在无污染、轻度污染天气条件下时，公园内$PM_{2.5}$浓度低于建筑室内及道路旁，说明公园绿地对$PM_{2.5}$有一定的滞留作用。而在中度污染、重度污染及以上天气条件下，公园绿地消减$PM_{2.5}$浓度的作用受到一定的限制，建筑室内$PM_{2.5}$浓度反而达到最低，建议人们在中度污染、重度污染及以上天气条件下减少外出及开窗通风。

（6）针对城市绿地主要类型及削减$PM_{2.5}$特点，以"优先生态，兼顾景观、游憩"为准则，详细制定了《消减$PM_{2.5}$型道路绿地种植设计技术指南》，提出了多种类、多层次的绿地群落种植模式，为城市绿地的设计营建提供专项技术支撑。在考虑景观前提下，在"通州区台湖镇京台路道路绿化改造项目"项目实施点提升绿地滞尘及滞留细颗粒物能力，设计时遵循了《消减$PM_{2.5}$型道路绿地种植设计技术指南》。

参考文献

[1] 蔡燕徽. 城市基调树种滞尘效应及其光合特性研究 [D]. 福州：福建农林大学，2010.

[2] 柴一新，祝宁，韩焕金. 城市绿化树种的滞尘效应——以哈尔滨市为例 [J]. 应用生态学报，2002，13（9）：1121-1126.

[3] 陈俊良，李文梅，杨柳，等. 2013年南京市PM$_{2.5}$时空分布规律 [J]. 安徽农业科学，2016，44（21）：53-56.

[4] 陈玮，何兴元，张粤，等. 东北地区城市针叶树冬季滞尘效应研究 [J]. 应用生态学报，2003（12）：2113-2116.

[5] 陈自新，苏雪痕，刘少宗，等. 北京城市园林绿化生态效益的研究（3）[J]. 中国园林，1998，14（3）：53-56.

[6] 陈宗良，葛苏，张晶. 北京大气气溶胶小颗粒的测量与解析 [J]. 环境科学研究，1994，7（3）：1-9.

[7] 程政红，吴际友，刘云国，等. 岳阳市主要绿化树种滞尘效应研究 [J]. 中国城市林业，2004，2（2）：37-40.

[8] 戴思迪，马克明，宝乐. 北京城区行道树国槐叶面尘分布及重金属污染特征 [J]. 生态学报，2012，32（16）：5095-5102.

[9] 杜玲，张海林，陈阜. 京郊越冬植被叶片滞尘效应研究 [J]. 农业环境科学学报，2011，30（2）：249-254.

[10] 樊守彬，张东旭，田灵娣，等. 北京市交通扬尘PM$_{2.5}$排放清单及空间分布特征 [J]. 环境科学研究，2016，29（1）：20-28.

[11] 高金晖，王冬梅，赵亮，等. 植物叶片滞尘规律研究——以北京市为例 [J]. 北京林业大学学报. 2007，29（2）：94-99.

[12] 高金晖. 北京市主要植物种滞尘影响机制及其效果研究 [D]. 北京：北京林业大学，2007.

[13] 苟亚清，张清东. 道路景观植物滞尘量研究 [J]. 中国城市林业，2008，6（1）：59-61.

[14] 古琳，王成，王晓磊，等. 无锡惠山三种城市游憩林内细颗粒物（PM$_{2.5}$）浓度变化特征 [J]. 应用生态学报，2013，24（9）：2485-2493.

[15] 郭二果，王成，郄光发，等. 北京西山典型游憩林空气颗粒物不同季节的日变化 [J]. 生态学报，2009，29（6）：3253-3263.

[16] 郭伟，申屠雅瑾，郑述强，等. 城市绿地滞尘作用机理和规律的研究进展 [J]. 生态环境学报，2010，19（6）：1465-1470.

[17] 韩阳，李雪梅，朱延姝，等. 环境污染与植物功能 [M]. 北京：化学工业出版社，2005，127-128.

[18] 郝明途，林天佳，刘焱. 我国PM$_{2.5}$的污染状况和污染特征 [J]. 环境科学与管理，2006，31（2）：58-61.

[19] 何凌燕，胡敏，黄晓锋，等. 北京大气气溶胶PM$_{2.5}$中的有机示踪化合物 [J]. 环境科学学报，2005，25（1）：23-29.

[20] 胡舒，肖昕，贾含帅，等. 徐州市主要落叶绿化树种滞尘能力比较与分析 [J]. 中国农学通报，2012（16）：95-98.

[21] 黄鹤，蔡子颖，韩素芹，等. 天津市PM_{10}，$PM_{2.5}$和PM_1连续在线观测分析 [J]. 环境科学研究，2011，24（8）：897-903.

[22] 贺勇，李磊，李俊毅，等. 北方30种景观树种净化空气效益分析 [J]. 东北林业大学学报，2010，38（5）：37-39.

[23] 靳秋思，宋国华，何巍楠，等.机动车道路扬尘与PM直接排放的测算与分析 [J]. 交通信息与安全，2014，32（6）：53-58.

[24] 李海梅，刘霞. 青岛市城阳区主要园林树种叶片表皮形态与滞尘量的关系 [J]. 生态学杂志，2008，27（10）：1659-1662.

[25] 李寒娥，王志云，谭家得，等. 佛山市主要城市园林植物滞尘效益分析 [J]. 生态科学，2006（5）：395-399.

[26] 李素莉，杨军，马履一，等. 北京市交通干道防护林内$PM_{2.5}$浓度变化特征 [J]. 西北林学院学报，2015，30（3）：245-252.

[27] 李玉琛. 济青高速公路淄博段生态防护带的环境功能与效应 [D]. 南京林业大学，2005.

[28] 梁淑英. 南京地区常见城市绿化树种的生理生态特性及净化大气能力的研究 [D]. 南京：南京林业大学，2005.

[29] 刘学全，唐万鹏，周志翔，等. 宜昌市城区不同绿地类型环境效应 [J]. 东北林业大学学报，2004，32（5）：53-54，83.

[30] 鲁兴，吴贤涛. 北京市采暖期大气中PM_{10}和$PM_{2.5}$质量浓度变化分析 [J]. 焦作工学院学报（自然科学版），2004，23（6）：487-490.

[31] 吕子峰，段菁春. 北京市夏季二次有机气溶胶生成潜势的估算 [J]. 环境科学，2009，30（4）：969-974.

[32] 么旭阳，胡耀升，刘艳红. 北京市8种常见绿化树种滞尘效应 [J]. 西北林学院学报，2014，29（03）：92-95.

[33] 牛生杰，孙照渤. 春末中国西北沙漠地区沙尘气溶胶物理特性的飞机观测 [J]. 高原气象，2005，24（4）：604-610.

[34] 邱媛，管东生，宋巍巍，等. 惠州城市植被的滞尘效应 [J]. 生态学报，2008，28（6）：2455-2462.

[35] 任启文，王成，郄光发，等. 城市绿地空气颗粒物及其与空气微生物的关系 [J]. 城市环境与城市生态，2006，19（5）：22-25.

[36] 邵龙义，时宗波，黄勤. 都市大气环境中可吸入颗粒物的研究 [J]. 环境保护，2000，（1）：24-29.

[37] 史晓丽. 北京市行道树固碳释氧滞尘效益的初步研究 [D]. 北京：北京林业大学，2010.

[38] 时宗波，邵龙义，李红. 北京市西北城区取暖期环境大气中PM_{10}的物理化学特征 [J]. 环境科学，2002，23（1）：30-34.

[39] 宋宇，唐孝炎，方晨，等. 北京市大气细粒子的来源分析 [J]. 环境科学，2002，23（6）：11-16.

[40] 粟志峰，刘艳，彭倩芳. 不同绿地类型在城市中的滞尘作用研究 [J]. 干旱环境监测，2002，

16（3）: 162-163.

[41] 孙淑萍, 古润泽, 张晶. 北京城区不同绿化覆盖率和绿地类型与空气中可吸入颗粒物（PM$_{10}$）[J]. 中国园林, 2004, 3: 77-79.

[42] 王成, 郭二果, 郤光发. 北京西山典型城市森林内PM$_{2.5}$动态变化规律[J]. 生态学报, 2014, 34（19）: 5650-5658.

[43] 王凤珍, 李楠, 胡开文. 景观植物的滞尘效应研究[J]. 现代园林, 2006（6）: 33-37.

[44] 王浩, 高健, 李慧, 等. 2007-2014年北京地区PM$_{2.5}$质量浓度变化特征[J]. 环境科学研究, 2016, 29（6）: 783-790.

[45] 王海林, 田华, 庄亚辉, 等. 北京市PM$_{2.5}$/PM$_{10}$的源解析[C]. 中国化学会第26届学术年会环境化学分会场论文集, 2008, 155.

[46] 王蕾, 高尚玉, 刘连友, 等. 北京市11种园林植物滞留大气颗粒物能力研究[J]. 应用生态学报, 2006, 17（4）: 597-601.

[47] 王蕾, 哈斯, 刘连友, 等. 北京市六种针叶树叶面附着颗粒物的理化特征[J]. 应用生态学报, 2007（3）: 487-492.

[48] 王蓉丽, 方英姿, 马玲. 金华市主要城市园林植物综合滞尘能力的研究[J]. 浙江农业科学, 2009（3）: 574-577.

[49] 王亚超. 城市植物叶面尘理化特性及源解析研究[D]. 南京: 南京林业大学, 2007.

[50] 王嫣然. 北京市PM$_{2.5}$浓度时空变化特征及影响因素分析[D]. 北京: 北京林业大学, 2016.

[51] 王赞红, 李纪标. 城市街道常绿灌木植物叶片滞尘能力及滞尘颗粒物形态[J]. 生态环境, 2006, 15（2）: 327-330.

[52] 王占山, 李云婷, 陈添, 等. 2013年北京市PM$_{2.5}$的时空分布[J]. 地理学报, 2015, 70（1）: 110-120.

[53] 吴志萍, 王成, 侯晓静, 等. 6种城市绿地空气PM$_{2.5}$浓度变化规律的研究[J]. 安徽农业大学学报, 2008, 35（4）: 494-498.

[54] 吴中能, 于一苏, 边艳霞. 合肥主要绿化树种滞尘效应研究初报[J]. 安徽农业科学, 2001, 29（6）: 780-783.

[55] 徐敬, 丁国安, 颜鹏, 等. 北京地区PM$_{2.5}$的成分特征及来源分析[J]. 应用气象学报, 2007, 18（5）: 645-654.

[56] 杨复沫, 贺克斌, 马永亮, 等. 北京PM$_{2.5}$浓度的变化特征及其与PM$_{10}$、TSP的关系[J]. 中国环境科学, 2002, 22（6）: 506-510.

[57] 杨复沫, 贺克斌, 马永亮, 等. 北京大气PM$_{2.5}$中微量元素的浓度变化特征与来源[J]. 环境科学, 2003, 24（6）: 33-37.

[58] 殷杉, 蔡静萍, 陈丽萍, 等. 交通绿化带植物配置对空气颗粒物的净化效益[J]. 生态学报, 2007, 27（11）: 4590-4595.

[59] 于建华, 虞统, 魏强, 等. 北京地区PM$_{10}$和PM$_{2.5}$质量浓度的变化特征[J]. 环境科学研究, 2004, 17（1）: 45-47.

[60] 于志会, 赵红艳, 杨波. 吉林市常见园林植物滞尘能力研究[J]. 江苏农业科学, 2012（6）: 173-175.

[61] 余曼，汪正祥，雷耘，等. 武汉市主要绿化树种滞尘效应研究［J］. 环境工程学报，2009，3（7）：1333-1339.

[62] 俞学如. 南京市主要绿化树种叶面滞尘特征及其与叶面结构的关系［D］. 南京：南京林业大学，2008.

[63] 张新献，古润泽，陈自新，等. 北京城市居住区绿地的滞尘效益［J］. 北京林业大学学报，1997，19（4）：12-17.

[64] 赵晨曦，王云琦，王玉杰，等. 北京地区冬春$PM_{2.5}$和PM_{10}污染水平时空分布及其与气象条件的关系［J］. 环境科学，2014，35（2）：418-427.

[65] 赵承美，邵龙义，侯聪，等. 元宵节期间北京$PM_{2.5}$单颗粒的物理化学特征［J］. 中国环境科学，2015，35（4）：1004-1012.

[66] 赵文慧，宫辉力，赵文吉，等. 北京市可吸入颗粒物的空间分布特征及与气象因子的CCA分析［J］. 地理与地理信息科学，2009，25（1）：71-74.

[67] 赵勇，李树人，阎志平. 城市绿地的滞尘效应及评价方法［J］. 华中农业大学学报，2002，21（6）：582-586.

[68] 郑少文，邢国明，李军，等. 北方常见绿化树种的滞尘效应［J］. 山西农业大学学报（自然科学版），2008，28（4）：383-387.

[69] 周丽，徐祥德，丁国安，等. 北京地区气溶胶$PM_{2.5}$粒子浓度的相关因子及其估算模型［J］. 气象学报，2003，61（6）：761-767.

[70] 周晓炜，亢秀萍. 几种校园绿化植物滞尘能力研究［J］. 安徽农业科学，2008（24）：10431-10432.

[71] 周震峰，刘康，孙英兰，等. 苏南农村地区大气$PM_{2.5}$元素组成特征及其来源分析［J］. 环境科学研究，2006，19（3）：24-28.

[72] 朱丽蓉. 滇润楠光合与抗SO_2生理及净化大气的特性研究［D］. 昆明：西南林业大学，2008.

[73] 朱天燕. 南京雨花台区主要绿化树种滞尘能力与绿地花境建设［D］. 南京：南京林业大学，2007.

[74] 朱先磊，张远航，曾立民，等. 北京市大气细颗粒物$PM_{2.5}$的来源研究［J］. 环境科学研究，2005，18（5）：1-5.

[75] Arden Pope C. Particulate air pollution, C-reactive protein, and cardiac risk［J］. European heart journal, 2001, 22（14）：1149-1150.

[76] Baker W L. A review of models of landscape change［J］. Landscape ecology, 1989, 2（2）：111-133.

[77] Beckett K P, Freer-Smith P H, Taylor G. The capture of particulate pollution by trees at five contrasting urban sites［J］. Arboricultural Journal, 2000, 24：209-230.

[78] Beckett K.P., Freer-Smith P.H., Taylor G. Urban woodlands：their role in reducing the effects of particulate pollution［J］. Environmental pollution, 1998, 99（3）：347-360.

[79] CAVANAGH J.-A. E., P. ZAWAR-REZAJ. G. WILSON. Spatial attenuation of ambient particulate matter air pollution within an urbanised native forest patch［J］. Urban Forestry & Urban Greening, 2009, 8（1）：21-30.

[80] Chartier K. L., Weitz M. A. A comparison of filter types in the collection and gravimetric determination of air borne particulate matter less than 2.5microns（$PM_{2.5}$）［J］. J. Air & Waste

Manage. Assoc. 1998, 48: 1199-1203.

[81] Chen K S, Lin C F, Chou Y M. Determination of source contributions to ambient $PM_{2.5}$ in Kaohsiung, Taiwan, using a receptor model [J]. J. Air & Waste Manag. Assoc., 2001, 51: 429-498.

[82] Cheng Manting, Horng Chuenliang, Lin Yuchi. Characteristics of atmospheric aerosol and acidic gases from urban and forest sites in central Taiwan [J]. Bulletin of Environmental Contamination and Toxicology, 2007, 79 (6): 674-677.

[83] Erik V. The man who smells forests [J]. Nature, 2009, 459: 498-499.

[84] FREER-SMITH P H, HOLLOWAY S, GOODMAN A. The uptake of particulates by an urban woodland: site description and particulate composition [J]. Environmental Pollution, 1997, 95 (1): 27-35.

[85] Geng F, Tie X, Guenther A, et al.. Effect of isoprene emissions from major forests on ozone formation in the city of Shanghai [J]. Atmospheric Chemistry and Physics, 2011, 11: 10449-10459.

[86] Guenther A, Hewitt C N, Erickson D, et al.. A global model of natural volatile organic compound emissions [J]. Journal of Geophysical Research, 1995, 100: 8873-8892.

[87] He K, Yang F M, Ma Y L, et al.. The characteristics of $PM_{2.5}$ in Beijing, China [J]. Atmospheric Environment, 2001, 35: 4959-4970.

[88] He Kebin, Yang Fumo, Ma Yongliang, et al.. The characteristics of $PM_{2.5}$ in Beijing, China [J]. Atmospheric Environment, 2001, 35 (29): 4959-4970.

[89] Heintzenberg J. Fine particles in the global troposphere are view [J]. Tellus, 1989, 41B: 149-160.

[90] Hwang HJ, Yook SJ, Ahn KH. Experimental investigation of submicron and ultrafine soot particle removal by tree leaves [J]. Atmospheric Environment, 2011, 45: 6987-6994.

[91] Citation Heisler, Gordon M. Energy savings with trees [J]. Journal of Aboriculture, 1986, 12 (5): 113-125.

[92] Jim C, Chen W Y. Assessing the ecosystem service of air pollutant removal by urban trees in Guangzhou (China) [J]. Journal of Environmental Management, 2008, 88: 665-676.

[93] Li Li, Wang Wu, Feng Jialiang, et al.. Composition, source, mass closure of $PM_{2.5}$ aerosols for four forests in eastern China [J]. Journal of Environmental Sciences, 2010, 22 (3): 405-412.

[94] Lohr V I, Pearson-Mims C H. Particulate matter accumulation on horizontal surfaces in interiors: Influence of foliage plants [J]. Atmospheric Environment, 1996, 30 (14): 2565-2568.

[95] Lovett G M, Lindberg S E. Concentration and deposition of particles and vapors in a vertical profile through a forest canopy [J]. Atmospheric Environment, 1992, 26 (8): 1469-1476.

[96] Marcazzan GM, Vaccaro S, Valli G, et al.. Characterisation of PM_{10} and $PM_{2.5}$ particulate matter in the ambient air of Milan (Italy) [J]. Atmos Environ, 2001, 35: 4639 -4650.

[97] Neinhuis C, Barthlott W. Seasonal changes of leaf surface contamination in beech, oak and ginkgo in relation to leaf micromorphology and wettability [J]. New Phytologist, 1998, 13: 91-98.

[98] Nowak D J, Crane D E, Stevens J C. Air pollution removal by urban trees and shrubs in the United States [J]. Urban Forestry \& Urban Greening, 2006, 4 (3-4): 115-123.

[99] Pal A, Kulshreshtha K, Ahmad K J, et al.. Do leaf surface characters play a role in plant resistance

to auto-exhaust pollution? [J]. Flora-Morphology, Distribution, Functional Ecology of Plants, 2002, 197 (1): 47-55.

[100] Pope C A, Verrier R L, Lovett E G, et al.. Heart rate variability associated with particulate air pollution [J]. American heart journal, 1999, 138 (5): 890-899.

[101] Pope C A, Young B, Dockery D W. Health effects of fine particulate air pollution: lines that connect [J]. Journal of the Air \& Waste Management Association, 2006, 56 (6): 709-742.

[102] Prospero J. M., Charlson R. J., Mohnen V., et al.. Then atmospheric aerosol system: an overview [J]. Reviews of Geophysics and Space Physics, 1983, 21: 1607-1629.

[103] Rawerler L E, Moyers J L. Atmoic Absorption Procedures for Analysis of Metals in Atmospheric Particulate Matter [J]. Environ Sci Technol, 1996, 8: 152-159.

[104] Schwartz J. Harvesting and long term exposure effects in the relation between air pollution and mortality [J]. Am J Epidemiol, 2000, 15: 440-448.

[105] Scott K I, McPherson E G, Simpson J R. Air pollutant uptake by Sacramento's urban forest [J]. Journal of Arboriculture, 1998, 24: 224-234.

[106] Shabel H G. Urban forestry in the Federal Republic of Germany [J]. Journal of Arboriculture. 1980.

[107] Shi Z B, Shao L Y, Jones T P, et al.. Characterization of airborne individual particles collected in an urban area, a satellite city and a clean air area in Beijing, 2001 [J]. Atmospheric Environment, 2003, 37: 4097-4108.

[108] Sun Y, Zhuang G S, Wang Y, et al.. The air-borne particulate pollution in Beijing – concentration, composition, distribution and sources [J]. Atmospheric Environment, 2004, 38: 5990-6004.

[109] TALLIS M., G. TAYLOR, D. SINNETT, et al.. Estimating the removal of atmospheric particulate pollution by the urban tree canopy of London, under current and future environments [J]. Landscape and Urban Planning, 2011, 103 (2): 129-138.

[110] Tomasevic M, Vukmirovic Z, Rajsic S, et al.. Characterization of trace metal particles deposited on some deciduous tree leaves in an urban area [J]. Chemosphere, 2005, 61 (6): 753-760.

[111] Wang L, Liu L, Gao S, et al.. Physicochemical characteristics of ambient particles settling upon leaf surfaces of urban plants in Beijing [J]. Journal of Environmental Sciences, 2006, 18 (5): 921-926.

[112] Wang Y, Zhuang G, Tang A, et al.. The ion chemistry and the source of $PM_{2.5}$ aerosol in Beijing [J]. Atmospheric Environment, 2005, 39: 3771-3784.

[113] Wedding J B, Carlson R W, Stukel J J, et al.. Aerosol deposition on plant leaves [J]. Water, Air, \& Soil Pollution, 1977, 7 (4): 545-550.

[114] Woodruff T J, Grillo J, Schoendorf K C. The relationship between selected causes of postneonatal infant mortality and particulate air pollution in the United States [J]. Environmental health perspectives, 1997, 105 (6): 608.

[115] Yao X H, Chan C K, Fang M, et al.. The water-soluble ionic composition of $PM_{2.5}$ in Shanghai and Beijing, China [J]. Atmospheric Environment, 2002, 36: 4223-4234.

[116] Zhang RJ, Jing, JS, Tao J, et al.. Chemical characterization and source apportionment of $PM_{2.5}$ in Beijing: seasonal perspective [J]. Atmospheric Chemistry and Physics, 2013, 13 (14): 7053-7074.

责任编辑：杜　洁　兰丽婷
封面设计：何　芳

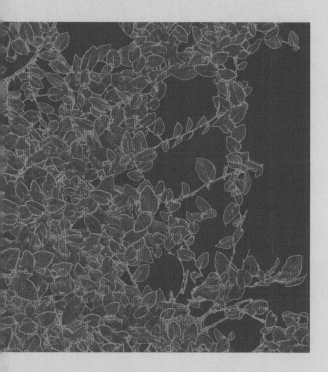

建工出版社微信

经销单位：各地新华书店、建筑书店
网络销售：本社网址 http://www.cabp.com.cn
中国建筑出版在线 http://www.cabplink.com
中国建筑书店 http://www.china-building.com.cn
本社淘宝天猫商城 http://zgjzgycbs.tmall.com
博库书城 http://www.bookuu.com
图书销售分类：园林景观（G50）

ISBN 978-7-112-26174-1

（37194）定价：49.00元